Mastercam 应用教程

第 3 版

张 延 主编

机 械 工 业 出 版 社

本书介绍了 Mastercam X 的主要功能和使用方法。全书分为 10 章，分别介绍了 Mastercam X 基础知识、二维图形绘制、图形编辑、图形标注、曲面造型与空间曲线、实体造型、数控加工基础、二维铣削加工、三维铣削加工、数控车床加工等内容，每章的最后均配有综合练习题，便于读者上机操作练习。

　　本书可作为大专院校、高职高专的专业课程教材，也可作为从事 CAD/CAM 工作的初、中级用户的参考用书。

　　为配合教学，本书配有电子课件，读者可以登录机械工业出版社教材服务网 www.cmpedu.com 注册后免费下载，或联系编辑索取（QQ：81922385，电话：(010) 88379739)。

图书在版编目（CIP）数据

Mastercam 应用教程 / 张延主编. —3 版. —北京：机械工业出版社，2010.10
（2024.1 重印）
ISBN 978 - 7 - 111 - 32295 -5

Ⅰ. ①M…　Ⅱ. ①张…　Ⅲ. ①计算机辅助制造—应用软件，Mastercam—教材　Ⅳ. ①TP391.73

中国版本图书馆 CIP 数据核字（2010）第 204441 号

机械工业出版社（北京市百万庄大街 22 号　邮政编码 100037）
责任编辑：石陇辉　吴超莉
责任印制：郜　敏

北京富资园科技发展有限公司印刷

2024 年 1 月第 3 版 · 第 10 次印刷
184mm×260mm · 17 印张 · 415 千字
标准书号：ISBN 978 - 7 - 111 - 32295 - 5
定价：49.00 元

电话服务　　　　　　　网络服务
客服电话：010-88361066　机　工　官　网：www.cmpbook.com
　　　　　010-88379833　机　工　官　博：weibo.com/cmp1952
　　　　　010-68326294　金　书　网：www.golden-book.com
封底无防伪标均为盗版　机工教育服务网：www.cmpedu.com

前　　言

　　Mastercam 是美国 CNC Software 公司研制开发的基于 PC 平台的 CAD/CAM 软件。它集二维设计、三维设计、自动数控编程、数控加工模拟等功能于一体，是国内外制造业广泛使用的 CAD/CAM 软件。它可用于数控车床、数控铣床、数控雕刻机、加工中心和数控线切割机床加工的辅助设计与制造。

　　Mastercam X 集成了设计（Design）、铣削加工（Mill）、车削加工（Lathe）和曲面雕刻（Router）4 个模块。工具栏使用了 Ribbon 方案，使操作更加方便。

　　本书在编排上注意做到简明扼要，对软件的各个菜单和各项命令都有详细解释，并附有大量的图例说明和操作应用。书中包含的大量习题，便于读者操作练习和检查对所学内容的掌握情况。

　　本书共 10 章。第 1～6 章是 CAD 部分，第 7～10 章是 CAM 部分。各章主要内容如下：第 1 章介绍 Mastercam X 的主要功能、窗口界面、主辅菜单、系统设置及系统的启动和关闭；第 2 章介绍二维图形绘制方法，包括点、直线、圆弧和圆等图形的绘制；第 3 章介绍二维图形编辑功能，包括修整、转换、删除等；第 4 章介绍图形标注和文字注释；第 5 章介绍曲面造型与空间曲线；第 6 章介绍实体造型；第 7 章介绍数控加工基础，包括刀具、材料、工件和操作的设置及加工模拟；第 8 章介绍二维铣削，包括铣削、钻孔、镗削、挖槽等加工；第 9 章介绍三维曲面的铣削加工及多轴加工；第 10 章介绍数控车床加工。

　　本书由张延主编。其中，第 1 章由盛任编写，第 2 章的 2.1～2.8 节由范龙编写，2.9～2.11 节由岳鹏编写，第 3 章由李自鹏编写，第 4 章和第 5 章的 5.1～5.3 节由王宁编写，5.4～5.15 节由于冰编写，第 6、7 两章由刘晓玲编写，第 8 章的 8.1、8.2 节由杨彦涛编写，8.3～8.8 节由马卫东编写，第 9 章由张延编写，第 10 章由孙洪玲、臧顺娟、彭守旺、岳香菊、崔瑛瑛、彭春艳、翟丽娟、庄建新、王秋生、刘克纯编写。全书由张延统稿，刘瑞新主审。

　　由于编者水平有限，书中难免有错误或不当之处，恳请广大读者批评指正。

编　者

目　录

第1章　Mastercam X 基础知识

Mastercam 是目前工业界及学校广泛使用的 CAD/CAM 一体化软件之一。它集计算机辅助设计（CAD）和计算机辅助制造（CAM）于一体。基于 PC 平台，对系统运行环境要求较低，操作方便，易于掌握。

1.1　Mastercam X 简介

Mastercam X 系列在 Mastercam 9.1 版本的基础上进行了大量更新，将其瀑布式菜单选择模式更改为大家更为熟悉的视窗模式，操作更加方便。不同的加工方式可在 Mastercam X 的菜单中分别调用，如图 1-1 所示。

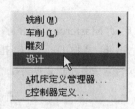

图 1-1　加工菜单

1.1.1　Mastercam X 的主要功能

按照 Mastercam X 的功能可以分为 CAD 和 CAM 两部分。

Mastercam 软件使用流程是：首先使用 CAD 部分在计算机上进行图形设计，然后编制刀具路径（NCI），通过处理后转换成 NC 程序，传送至数控机床，校验无误后即可进行加工。由于 CAD/CAM 系统大大节省了时间、资源和产品成本，因此可以提高工作效率和加工精度。

1. CAD 部分的功能

Mastercam X 中 CAD 部分的主要功能如下。

1）可以绘制和编辑复杂的二维和三维图形、标注尺寸、文字注释等。

2）提供图层的设定，可隐藏和显示图层，使绘图变得简单，显示更清楚。

3）提供字形设计，对各种标牌的制作提供了好方法。

4）可以绘制和编辑复杂的曲线、曲面，并可对其进行延伸、修剪、熔接、分割、倒直角、倒圆角等操作。

5）图形可转换至 AutoCAD 或其他软件，也可以从其他软件转换至 Mastercam。

2. CAM 部分的功能

Mastercam X 中 CAM 部分的主要功能如下。

1）提供二维、三维加工模组。

2）外形铣削、挖槽、钻孔加工。

3）曲面粗加工。粗加工可用 8 种加工方法：平行式、放射式、投影式、曲面流线式、等高线式、间歇式、挖槽式、插削式。

4）曲面精加工。精加工可用 11 种加工方法：平行式、陡斜面式、放射式、投影式、曲面流线式、等高线式、浅平面式、交线清角式、残屑清除式、环绕等距式、混合加工。

5）线架曲面的加工，如直纹曲面、旋转曲面、扫描曲面、昆氏曲面、举升曲面的加工。

6）4 轴、5 轴的多轴加工。

7）刀具路径模拟显示。编制的 NC 程序，可以显示运行情况，估计加工时间。

8）提供刀具路径实体模型。检验真实显示出的加工生成产品，可避免到达车间加工时发生错误。

9）提供多种后处理程序，供各种机床控制器使用。

10）具有多种管理功能，如刀具管理、操作管理、串连管理及工件管理和生成加工报表。

1.1.2 启动 Mastercam X

在使用 Windows 2000/XP/NT 时启动 Mastercam X 的各个模块可采用下面两种方法。

● 单击"开始"按钮，然后指向"程序"，再指向 Mastercam X 文件夹，单击 Mastercam X 命令即可启动软件，如图 1-2 所示。

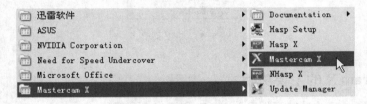

图 1-2 通过"开始"按钮启动 Mastercam X

● 双击 Mastercam X 在桌面上的快捷图标（见图 1-3），即可启动 Mastercam X。

图 1-3 Mastercam X 桌面上的快捷图标

1.2 Mastercam X 的窗口界面

启动 Mastercam X 以后，屏幕上出现如图 1-4 所示的窗口界面，这时运行的是设计模块。该界面主要包括：标题栏、工具栏、菜单栏、绘图区和系统坐标等部分。

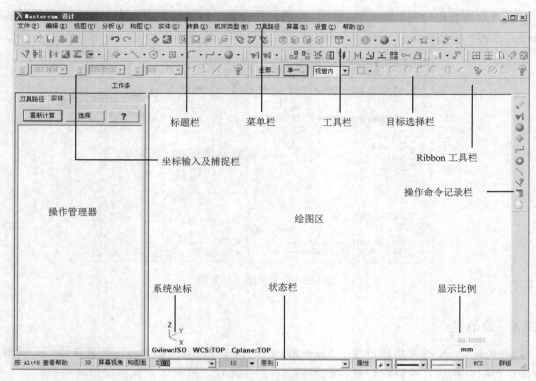

图 1-4　Mastercam X 的窗口界面

1.2.1　标题栏

Mastercam X 窗口界面最上面的一行为标题栏。如果已经打开了一个文件，则在标题栏中还将显示该文件的路径及文件名。

1.2.2　工具栏

工具栏由位于标题栏下面的一排按钮组成。图 1-5a 为默认工具栏，它提供了快捷的选择命令方式。Mastercam X 对各种绘图、编辑等命令广泛采用了 Ribbon 工具栏形式，如图 1-5a 中的"工作条"。例如，在选择"绘制任意线"命令后，显示为"绘制任意线"工具栏，如图 1-5b 所示，即用户选取某种命令时 Ribbon 工具栏就会变为相应的工具栏。

图 1-5　Mastercam X 的工具栏

当用户需要添加新的快捷方式时，可通过"设置"→"用户自定义"命令选择需要的菜单项，如图1-6所示。

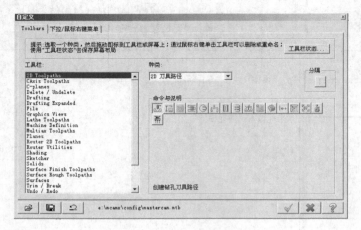

图1-6　自定义工具栏界面

1.2.3　菜单栏

Mastercam X 的菜单栏包含了 Mastercam X 中的所有菜单命令，包括文件管理、编辑、视图、分析、构图、实体、转换、机床类型、刀具路径、屏幕、设置以及帮助菜单。

1.2.4　绘图区

该区域为绘制、修改和显示图形的工作区域（见图 1-4）。在绘图区的左下方表示了当前坐标系视角，右下方为所采用的默认单位，通常在系统中定义为公制。绘图区的左侧为操作管理器，当不需要时，可以通过"视图"→"切换操作管理"命令来隐藏该部分，以获得较大的绘图空间。

1.2.5　坐标输入及捕捉栏

坐标输入及捕捉栏主要用来输入点坐标及捕捉相应坐标点，如图 1-7 所示。平时为灰色，但可以显示光标当前所在的位置。绘图时转换为可操作状态。

a)　　　　　　　　　　　　　　　　　　　　　　b)

图1-7　坐标输入及捕捉栏
a) 不可操作状态　b) 可操作状态

根据需要，用户可以在 X、Y、Z 后面分别输入需要的坐标值，也可以单击"快速点定位"图标，输入所需坐标，坐标之间用半角","隔开。

当需要进行点的自动捕捉时，可根据要求单击图标进行配置，选择自己所需捕捉的特殊点，如图1-8所示。也可以单击图标进行手动捕捉，可通过下拉菜单选择所需捕捉模式，对点进行单次捕捉，如图1-9所示。

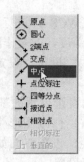

图 1-8　光标自动抓点设置　　　　　　　　　图 1-9　手动抓取下拉菜单

1.2.6　目标选择栏

目标选择栏位于坐标输入及捕捉栏的右侧，主要用来进行目标选择，如图 1-10 所示。通过目标选择栏可以选用不同的选择模式来选取所需的图形元素。

图 1-10　目标选择栏

1.2.7　状态栏

在绘图区的最下方是状态栏，它显示了当前所设置的颜色、点类型、线型、线宽、图层及 Z 深度等状态，单击相应的选项可对相应的状态进行设置，如图 1-11 所示。

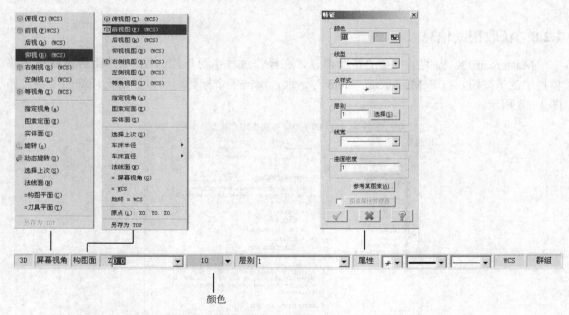

颜色

图 1-11　状态栏

屏幕视角（Gview）：改变当前视角，选择合适的观察方向。

构图面（WCS）：进行图形绘制的平面，与视图方向无关，为作图的平面。

Z：图层深度，改变作图面水平位置。

层别：图层设置，设定每层的图层号、可视性（是否突显）、层别等信息，如图 1-12 所示。

属性：对图形元素的基本属性进行设置，如线宽、颜色、曲面密度等。

颜色设置：修改图形颜色，单击图 1-11 所示"颜色"位置可进行设置，选择绘制图形时的颜色属性，设置界面如图 1-13 所示。当需要修改已绘制图形颜色时，选中需修改图形单击右键进行设置。

图 1-12　层别管理界面

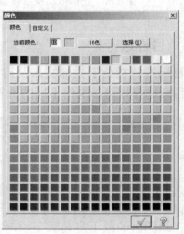

图 1-13　颜色设置界面

1.2.8　获取帮助信息

Mastercam X 提供了大量的帮助信息，在操作过程中可以用〈Alt+H〉组合键或单击菜单栏中的?按钮，打开 Mastercam Help 对话框，单击各个标题，可以显示更详细的内容，如图 1-14 所示。

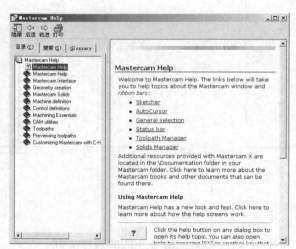

图 1-14　Mastercam Help 对话框

1.3　Mastercam X 系统设置

　　该功能可以对系统的一些属性进行预设置，在新建文件或打开文件时，Mastercam 将按其默认配置来进行系统各属性的设置，在使用过程中也可以改变系统的默认配置。

　　要设置系统的参数，可以通过单击菜单栏中"设置"→"系统规划"选项打开"系统配置"对话框进行设置，如图 1-15 所示。

图 1-15　"系统配置"对话框

1.3.1　公差设置

　　该选项在"系统配置"对话框的"公差"选项卡中，用来设置曲线和曲面的公差值，从而控制曲线和曲面的光滑程度，如图 1-16 所示。公差值的设置应根据所绘模型的使用目的而定，随公差值的减小，计算机运算量将会增大，系统运行速度相应减慢。

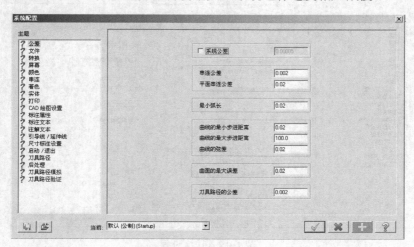

图 1-16　公差设置

1.3.2 文件参数设置

该选项在"系统配置"对话框的"文件"选项卡中,用来设置不同类型文件的存储目录及使用的不同文件的默认名称,如图1-17所示。

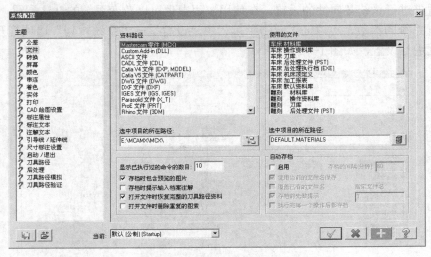

图1-17 文件管理界面

在文件管理中,大部分设定除有特殊需要外,建议按照默认值进行设定,建议打开自动存档功能,并可按照个人需要设定保存文件的间隔时间以减小在意外情况下的损失。

1.3.3 转换设置

该选项在"系统配置"对话框的"转换"选项卡中,用于设置 Mastercam 软件对于不同格式的图形文件进行转换时的参数,如图1-18所示。

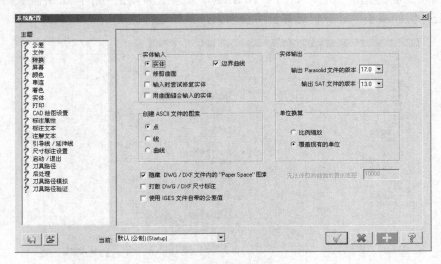

图1-18 转换设置

1.3.4　屏幕设置

　　该选项在"系统配置"对话框的"屏幕"选项卡中，用来设置屏幕显示的参数，如图 1-19 所示。在该选项中包括了图形渲染及屏幕显示等内容，其中较常用的设置为栅格的设置，用户可以根据习惯进行调整，包括栅格间距、原点位置、抓取设定等，也可以通过"屏幕"→"栅格参数"命令进行设定。

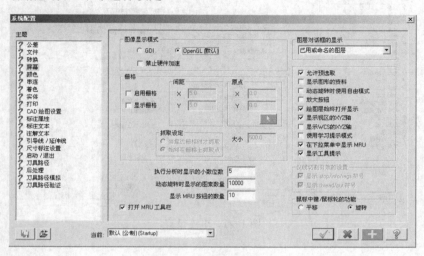

图 1-19　屏幕设置

1.3.5　颜色设置

　　该选项在"系统配置"对话框的"颜色"选项卡中，可以对系统颜色参数进行修改，如图 1-20 所示。该选项可根据用户需要进行设定，为保持与其他用户软件的一致性，建议选择默认选项。

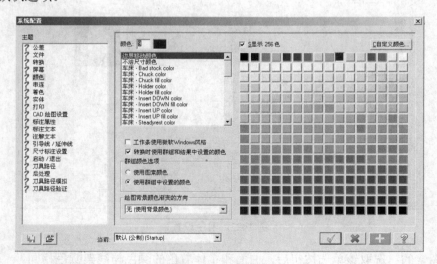

图 1-20　颜色设置

1.3.6　串连设置

该选项在"系统配置"对话框的"串连"选项卡中，用于设置系统串连选择的相关参数，界面如图 1-21 所示。建议按系统默认值进行设定。

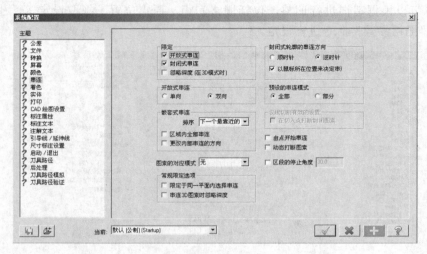

图 1-21　串连设置

1.3.7　着色设置

该选项在"系统配置"对话框的"着色"选项卡中，用来设置曲面和实体着色参数，如图 1-22 所示。在默认状态下，着色功能没被打开，选择"启用着色"复选框后，可在相应的颜色选项中选择合适的着色方式。

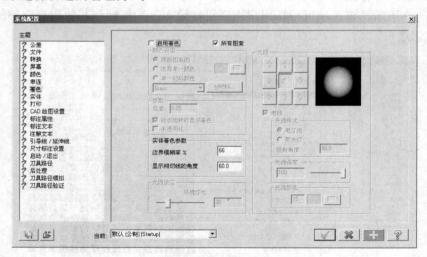

图 1-22　着色设置

原始图素的：选取该单选按钮后，曲面和实体着色的颜色与线架颜色相同。

选择单一颜色：选取该单选按钮后，所有曲面和实体以单一的所选颜色进行着色显示。

单一材料颜色：选取该单选按钮后，所有曲面和实体以单一的所选材质颜色进行着色显示。

弦差：设定曲面弦高，决定了着色时的光滑程度，数值越小越光滑。

动态旋转时显示着色：选取该复选框后，动态旋转图形时保持着色状态。

半透明化：选取该复选框后，曲面和实体为透明着色状态。

边界模糊率%：决定实体隐藏线的显示亮度值。

显示相切线的角度：用于输入实体径向显示线之间的夹角，角度越小实体径向显示线越多。

1.3.8 实体设置

该选项在"系统配置"对话框的"实体"选项卡中，用于设置曲面、实体转化参数以及实体管理器参数，如图 1-23 所示。

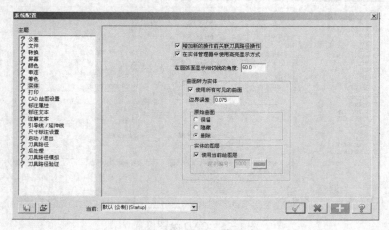

图 1-23　实体设置

1.3.9 打印设置

该选项在"系统配置"对话框的"打印"选项卡中，用来设置系统打印参数，如图 1-24 所示。

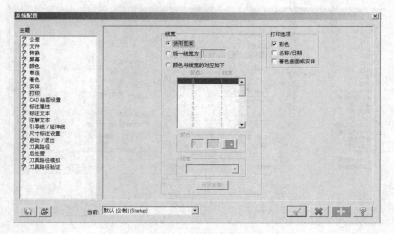

图 1-24　打印设置

使用图素：选取该单选按钮后，打印时按照几何图形本身的线宽进行打印。

统一线宽：选取该单选按钮后，可在输入栏中输入所需要的线型宽度进行打印。

颜色与线宽的对应如下：将不同的颜色与不同的线型宽度对应，按颜色来区分线型宽度。开始时所有颜色的默认宽度相同。

着色曲面或实体：选取该复选框后，将对着色曲面或实体进行打印。

1.3.10　CAD 绘图设置

该选项在"系统配置"对话框的"CAD 绘图设置"选项卡中，用于设置系统 CAD 方面的参数，如图 1-25 所示。

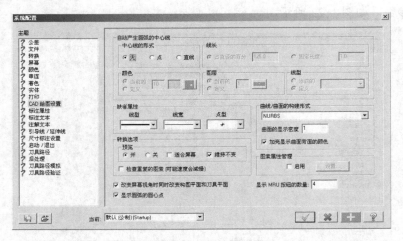

图 1-25　CAD 绘图设置

1.3.11　启动/退出

该选项在"系统配置"对话框的"启动/退出"选项卡中，可以设置启动或退出 Mastercam X 时，系统调用的一些功能参数，如图 1-26 所示。

图 1-26　启动/退出设置

1.3.12　尺寸标注设置

尺寸标注设置包括标注属性、标注文本、注解文本、引导线/延伸线、尺寸标注设置，用于尺寸、文字、标注线型等参数设定。标注属性设置界面如图 1-27 所示。具体内容可参照绘图要求及实际需要进行设置。

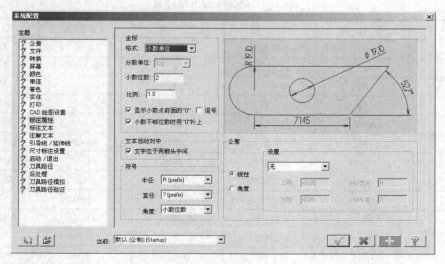

图 1-27　标注属性设置

1.3.13　加工参数设置

加工参数设置包括刀具路径、后处理、刀具路径模拟、刀具路径验证，主要用于对加工仿真的各环节参数进行设置。刀具路径设置界面如图 1-28 所示，各参数可根据加工需要进行设置。

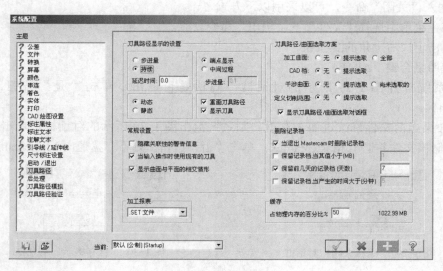

图 1-28　刀具路径设置

1.4 快捷键

Mastercam 预设了快捷键，使用快捷键可以方便地调用操作命令，具体定义见表1-1。

表 1-1　Mastercam 快捷键

序　号	快　捷　键	功　能	序　号	快　捷　键	功　能
1	F1	框选放大	15	Alt+4	仰视图
2	Alt+F1	适度化显示	16	Alt+5	前视图
3	F2	缩小一半	17	Alt+6	后视图
4	F4	分析	18	Alt+C	调用参数
5	Alt+F4	退出软件	19	Alt+U	撤销操作
6	F5	删除	20	Alt+D	尺寸标注参数
7	Alt+F8	系统规划	21	Alt+V	显示版本信息
8	F9	显示坐标轴线	22	Alt+E	隐藏图素
9	Alt+F9	显示坐标系	23	Alt+H	帮助
10	Alt+1	俯视图	24	Alt+Z	图层管理器
11	Alt+2	左视图	25	↑ ↓ ← →	平移
12	Alt+P	前一视角	26	PgUp	放大显示
13	Alt+3	右视图	27	PgDn	缩小显示
14	Alt+O	切换操作管理器	28	End	自动旋转

1.5 退出 Mastercam X

退出 Mastercam X 关闭系统窗口的步骤如下。

1）输入"关闭"命令，可以采用以下方式之一。

● 在主菜单中选择"文件"→"退出"命令。

● 单击窗口右上角的⊠按钮。

● 使用组合键〈Alt+F4〉。

2）系统打开图 1-29 所示的对话框，确认是否退出，单击"是"按钮，则退出 Mastercam X。

3）如果当前文件修改过而未存盘，则系统给出图 1-30 所示的对话框，单击"是"按钮，则存储该文件并退出 Mastercam X；单击"否"按钮，则不存盘退出 Mastercam X。

图 1-29　"确认关闭"对话框

图 1-30　"保存提示"对话框

1.6 习题与练习

1. 启动 Mastercam X，熟悉窗口界面。
2. 将绘图区的背景颜色改为白色。
3. 设置栅格捕捉和栅格显示。
4. 建立新文件，选择不同视角和绘图平面任意进行图素绘制，保存文件后退出 Mastercam X。

第2章　二维图形绘制

二维图形的绘制是三维绘图、加工刀路生成等操作的基础。

在主菜单中选择"构图"可打开"构图"菜单，所有绘制二维图形的命令都包含在该菜单中，如图2-1所示。

图2-1　"构图"菜单

2.1　绘制点

点的绘制和抓取是绘制其他二维图形甚至三维图形的基本。在 Mastercam X 中通过点命令来控制点，其功能是在图形中用点符号标注出点的位置。在菜单栏中选取"构图"→"点"命令，"点"的子菜单如图2-2a所示。Mastercam X 提供了6种绘点样式。绘点样式可在状态栏或系统配置中设置，如图2-2b所示。

a)　　　　　　　　　　　　　　b)

图2-2　点的绘制

a) "点"子菜单　b) 绘点样式

2.1.1　指定位置绘制点

"指定位置"命令可在指定的位置绘制点。在菜单栏中选取"构图"→"点"→"指定位置"命令，选择后可以输入坐标值绘制点，也可以利用捕捉功能绘制点，还可以在绘图区的任意位置绘制点，如图 2-3 所示。

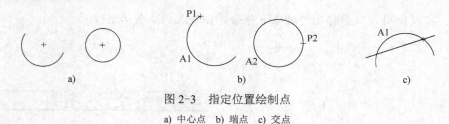

图 2-3　指定位置绘制点

a) 中心点　b) 端点　c) 交点

2.1.2　动态绘点

"动态绘点"命令用来在线段、圆弧等曲线几何图形上动态绘制点。操作步骤如下：

1）在菜单栏中选取"构图"→"点"→"动态绘点"命令。

2）按照提示选取需要绘制动态点的对象，一个带点标记的箭头显示在被选取对象上，如图 2-4 所示。

3）沿被选取对象移动鼠标箭头至合适位置，单击即可完成绘点。根据需要可连续绘制所需点，也可以通过在如图 2-5 所示"动态绘点"工具栏中输入所需距离来绘制相应的点。

图 2-4　动态点的移动箭头　　　　　　图 2-5　"动态绘点"工具栏

2.1.3　绘制曲线节点

"曲线节点"命令用于产生参数型曲线的节点，所选目标必须为参数型曲线。操作步骤如下：

1）在菜单栏中选取"构图"→"点"→"曲线节点"命令。

2）选取样条曲线，系统即可绘制出该曲线的节点，如图 2-6 所示。

注意：所选对象若不是参数型样条曲线，线条不会闪亮，则系统提示重新选择。

图 2-6　曲线节点

2.1.4　绘制剖切点

"绘制剖切点"命令可以在指定的几何对象上绘制一系列等距离的点。操作步骤如下：

1）在菜单栏中选取"构图"→"点"→"绘制剖切点"命令。

2）选择图 2-7a 中的圆弧。

3）在图 2-8 所示"剖切点"工具栏中输入绘制点的间距或等分点的数量，然后按〈Enter〉键。

4）系统完成等分点，如图 2-7b 所示，重复步骤 2）和 3）可继续进行线段的等分，或按〈Esc〉键返回。

注意：可以使用该命令将几何对象 n 等分，但输入的点数为 n+1。

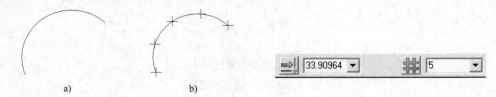

图 2-7　绘制等分点　　　　　　　　　图 2-8　"绘制剖切点"工具栏

2.1.5　绘制几何图形端点

"端点"命令可以绘制参数型样条曲线端点上的节点。操作步骤如下：

1）在菜单栏中选取"构图"→"点"→"端点"命令。

2）在绘图区用鼠标在靠近线（弧、圆）的一端选取线（弧、圆），所选线条改变颜色。系统即可绘出线（弧、圆）的端点。

注意：圆的端点重合在 0 位置处，如图 2-9 中的圆 A2 所示。

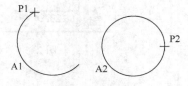

图 2-9　绘制端点示例

2.1.6　绘制小圆弧心

"小圆弧心"命令用来绘制小于和等于一指定半径值的圆或圆弧的圆心点。操作步骤如下。

1）在菜单栏中选取"构图"→"点"→"小圆弧心"命令。

2）在绘图区选取图 2-10 所示圆弧或圆。

3）在如图 2-11 所示"绘制小圆弧心"工具栏中设置圆弧半径，如果图形为圆弧，需单击"圆弧"按钮 ⊙，然后按〈Enter〉键。

图 2-10　绘制圆心点示例　　　　　　　图 2-11　"绘制小圆弧心"工具栏

4）系统即在圆弧或圆的圆心处绘制出圆心点。

2.2 绘制直线

"直线"命令可以绘制直线。在菜单栏中选取"构图"→"直线"命令可启动"直线"子菜单，如图 2-12 所示。

图 2-12 "直线"子菜单

2.2.1 绘制任意线

"绘制任意线"命令可以绘制水平线、垂直线、极坐标线、连续线及切线。选取命令后，系统启动相应操作栏，可选取相应的图标绘制所需的连线，如图 2-13 所示。

图 2-13 "绘制任意线"工具栏

2.2.2 绘制近距线

"近距线"命令可以绘制两几何对象之间的最近距离，对象包括直线、圆弧和样条曲线。下面以图 2-14 为例进行讲解。操作步骤如下。

1）在菜单栏中选取"构图"→"直线"→"近距线"命令。

2）选取直线 L1 和圆 A1，即在被选取对象之间绘制出近距线 R1。

3）可重复步骤 2）绘制另一条近距线 R2，如图 2-14 所示，或按〈Esc〉键返回。

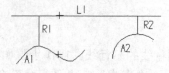

图 2-14 绘制近距线示例

2.2.3 绘制分角线

"分角线"命令可以绘制两交线的角度平分线。下面以图 2-15 为例进行讲解。操作步骤如下。

1）在菜单栏中选取"构图"→"直线"→"分角线"命令。

2）选取要平分的两交线 L1 和 L2。

3）输入平分线的长度 25，按〈Enter〉键，系统给出多条平分线。

4）选择要保留的线条，系统即绘出角度平分线 R1，如图 2-15 所示。

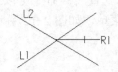

图 2-15　角度平分线示例

5）重复步骤 2）～4）可绘制另一条平分线，或按〈Esc〉键返回。

2.2.4 绘制法线

"法线"命令可以绘制已知直线、圆弧或样条曲线的法线。选取命令后，可完成"过指定点法线"和"与圆弧相切"两类法线的绘制。操作步骤如下。

1）在菜单栏中选取"构图"→"直线"→"法线"命令。

2）选取图 2-16 所示直线 L1，系统提示选取任意点。

3）输入一点 P1，即绘制出法线 R1，并显示法线的长度。

4）默认线长（或输入所需长度），按〈Enter〉键，系统完成法线绘制，如图 2-16 所示。

5）重复步骤 2）～4）可以绘制圆弧 A1 的法线 A1-P1，按〈Esc〉键返回。

6）单击 图标，可绘制与圆相切的法线。

7）选取直线 L2 和圆，如图 2-17a 所示。

8）默认提示的法线长度，按〈Enter〉键。

9）系统给出两条法线 R1 和 R2，单击要保留的法线 R1，系统绘制出法线 R1，如图 2-17b 所示。

10）可重复步骤 2）～5）绘制另一条法线，或按〈Esc〉键返回。

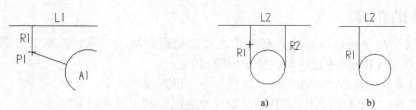

图 2-16　绘制过指定点法线示例　　　　图 2-17　与圆弧相切示例

2.2.5 绘制平行线

"平行线"命令用于绘制已知直线的平行线。操作步骤如下。

1）在菜单栏中选取"构图"→"直线"→"平行线"命令，出现"平行线"工具栏，如图 2-18 所示。

2）选取已知直线 L1，如图 2-19 所示。

3）选取经过的某一点 P1。

4）在"平行线"工具栏中输入平行距离 25，按〈Enter〉键，绘制出平行线，如图 2-18 所示。还可通过"选择方向"按钮  修改平行线与 L1 的相对位置。

5）重复步骤 2）～4）可绘制另一条平行线，或按〈Esc〉键返回。

6）也可单击"相切"按钮，绘制与圆弧相切的平行线如图 2-20 所示。

图 2-18 "平行线"工具栏

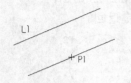

图 2-19 过已知点作平行线示例　　　　　　　图 2-20 与圆弧相切的平行线示例

2.3 绘制圆弧

"圆弧"命令可以绘制圆弧和圆。在菜单栏中选取"构图"→"圆弧"命令，显示出如图 2-21 所示的"圆弧"子菜单。下面分别介绍其中各命令的功能和使用方法。

图 2-21 "圆弧"子菜单

2.3.1 三点画圆

在该命令中可通过选择圆的边界点来绘制圆，包括三点绘圆和两点绘圆两种方法。

1．"三点绘圆"命令

"三点绘圆"命令通过指定圆上的三个点来绘制圆。下面以图 2-22 为例进行讲解。操作步骤如下。

1）在菜单栏中选取"构图"→"圆弧"→"三点画圆"命令。

2）系统提示输入第一点，选取点 P1。

3）系统提示输入第二点，选取点 P2。

4）系统提示输入第三点，选取点 P3，系统完成圆的绘制，如图 2-22 所示。

5）重复步骤 2）～ 4），可继续绘制圆，或按〈Esc〉键返回。

2."两点绘圆"命令

"两点绘圆"命令通过指定圆直径的两个端点来绘制圆。下面以图 2-23 为例进行讲解。操作步骤如下。

1）在菜单栏中选取"构图"→"圆弧"→"三点画圆"命令。

2）单击"两点绘圆"图标 ⊡ 。

3）分别选取该圆直径两端点，系统绘制出一个圆，如图 2-23 所示。

4）重复步骤 2）和 3）可绘制另一个圆，或按〈Esc〉键返回。

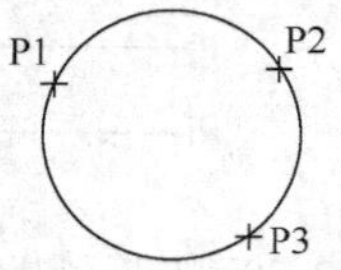

图 2-22　三点绘圆示例 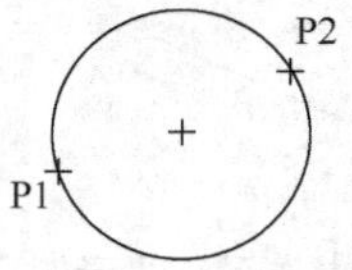　　　　　　　　图 2-23　两点绘圆示例

2.3.2　利用圆心和点画圆

"圆心+点"画圆命令通过指定圆心和圆的半径来绘制圆。下面以图 2-24 为例进行讲解。操作步骤如下。

1）在菜单栏中选取"构图"→"圆弧"→"圆心+点"命令。

2）提示区提示：输入圆心点坐标，输入圆心点坐标 (−30,40)（或在图中直接选定），按〈Enter〉键。

3）提示区提示：输入半径，输入半径 20，按〈Enter〉键，系统绘制一圆如图 2-24 所示。

4）重复步骤 2）和 3），可继续绘制圆，或按〈Esc〉键返回。

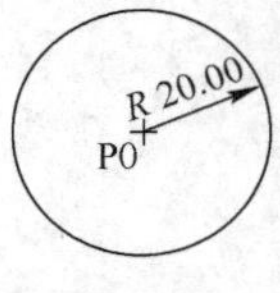

图 2-24　圆心+点画圆示例

2.3.3　绘制极坐标圆弧

"极坐标圆弧"命令用于指定圆弧的圆心来绘制极坐标圆弧。操作步骤如下。

1）在菜单栏中选取"构图"→"圆弧"→"极坐标圆弧"命令。

2）提示区提示：输入圆心点，选取点 P0。

3）提示区提示：输入半径、起始点和终止角，输入半径值 25，起始点 27，终止角 157，按〈Enter〉键。

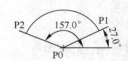

4）系统绘制出圆弧，如图 2-25 所示。重复步骤 2）和 3）可以绘制另一条圆弧，或按〈Esc〉键返回。

图 2-25　绘制极坐标圆弧示例

2.3.4　绘制端点极坐标圆弧

该命令通过定义起始点（终点）、半径、起始角度和终止角度绘制一条圆弧。操作步骤如下：

1）在菜单栏中选取"构图"→"圆弧"→"极坐标"命令。

2）选择起始点（或终点）按键，系统提示输入起始点（或终点），选取点 P1。

3）系统提示输入半径、起始点和终止角，输入半径 30，起始角 10，终止角 130，按〈Enter〉键。

4）系统绘制出圆弧，如图 2-26 所示。当起始角为 0，终止角为 360 时，为绘制整圆。重复步骤 2）和 3），可继续绘制圆弧，或按〈Esc〉键返回。

图 2-26 绘制端点极坐标圆弧示例

2.3.5 两点画弧

"两点画弧"命令通过定义圆弧的两端点和半径来绘制一条圆弧。下面以图 2-27 为例进行讲解。操作步骤如下。

1）在菜单栏中选取"构图"→"圆弧"→"两点画弧"命令。

2）提示区提示：输入第一点，选取点 P1。

3）提示区提示：输入第二点，选取点 P2。

4）提示区提示：输入半径，输入半径 30，按〈Enter〉键。

5）选择圆弧位置，选择要保留的圆弧 A1（或 A2、A3、A4），其余圆弧被自动删除，如图 2-27 所示。

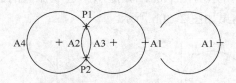

图 2-27 两点画弧示例

6）重复步骤 2）～5）可绘制另一条圆弧，或按〈Esc〉键返回。

注意：输入半径必须大于两点间距的一半，否则绘制失败。

2.3.6 三点画弧

"三点画弧"命令通过定义圆弧上的三个点绘制一条圆弧。其中，第一个点为圆弧的起点，第三个点为圆弧的终点。下面以图 2-28 为例进行讲解。操作步骤如下。

1）在菜单栏中选取"构图"→"圆弧"→"三点画弧"命令。

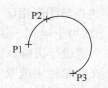

图 2-28 三点画弧示例

2）提示区提示：输入第一点，选取点 P1。

3）提示区提示：输入第二点，选取点 P2。

4）提示区提示：输入第三点，选取点 P3 后，系统绘制出圆弧，如图 2-28 所示。

5）重复步骤 2）～4），可绘制另一条圆弧，或按〈Esc〉键返回。

2.3.7　绘制切弧

"切弧"命令可以绘制与其他几何对象相切的圆弧。如图 2-29 所示，共有 4 种绘制切弧的方法。

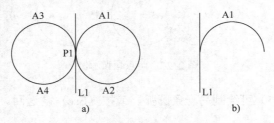

图 2-29　"切弧"工具栏

- ◎：绘制与选择的几何图形相切的 180°圆弧。
- ◐：绘制过一点并与一个几何图形相切的圆弧。
- ◖：绘制与直线相切的圆，给出圆心所在线。
- ◗：动态绘制相切圆弧。

1．圆弧正切一个几何对象

该选项用于绘制一条 180°的圆弧，该圆弧与一个选取对象相切于一点，相切的对象可以为直线、圆弧及样条曲线等。下面以图 2-30 为例进行讲解。操作步骤如下。

1）在菜单栏中选取"构图"→"圆弧"→"切弧"命令，或单击◎图标。

2）提示区提示：选择与圆弧相切的对象，选取直线 L1。

3）提示区提示：指定正切点，选取点 P1。

4）提示区提示：输入半径，输入半径 30，按〈Enter〉键。

5）系统给出图 2-30a 所示的两个圆，并提示：选取保留的圆弧。选取需要的圆弧 A1 后，系统完成相切圆弧。结果如图 2-30b 所示。

图 2-30　绘制相切圆弧示例

6）重复步骤 2）～5），可绘制另一条相切圆弧，或按〈Esc〉键返回。

2．过点与图形相切

该选项用于绘制一条经过一个特定点并与一个对象（直线或圆弧）相切的圆弧。下面以图 2-31 为例进行讲解。操作步骤如下。

1）在菜单栏中选取"构图"→"圆弧"→"切弧"命令，或单击◐图标。

2）提示区提示：选择与圆弧相切的对象，选取直线 L1。

3）提示区提示：输入圆经过的点，选取点 P。

4）提示区提示：输入半径，输入半径 20，按〈Enter〉键。系统给出两个圆。

5）提示区提示：选取一个圆弧，选取要保留的圆弧 A1，如图 2-31b 所示。

6）重复步骤 2）～5），可绘制另一条圆弧，或按〈Esc〉键返回。

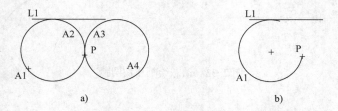

图 2-31　绘制经过一点并与直线相切的圆弧示例

3．选定圆心所在直线画与另一条直线相切圆弧

该选项用于绘制一条圆心经过一条直线并与另一条直线相切的圆弧。下面以图 2-32 为例进行讲解。操作步骤如下。

1）在菜单栏中选取"构图"→"圆弧"→"切弧"命令，或单击 图标。

2）提示区提示：选择与圆弧相切的对象，选取直线 L1。

3）提示区提示：选择圆心经过的直线。选取直线 L2 上一点为圆心，生成符合条件的圆弧。

4）提示区提示：输入半径，输入半径 20，按〈Enter〉键。系统给出两个圆，如图 2-32a 所示。

5）提示区提示：选取一条圆弧，选取要保留的圆 A1。结果如图 2-32b 所示。

6）重复步骤 2）～5），可绘制另一条圆弧，或按〈Esc〉键返回。

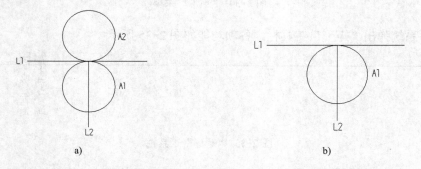

图 2-32　绘制圆心在某条直线上并与另一条直线相切的圆弧示例

4．动态绘制相切圆弧

该选项用于绘制经过一条直线上选定点并任意选择圆弧另一端点的圆弧。下面以图 2-33 为例进行讲解。操作步骤如下。

1）在菜单栏中选取"构图"→"圆弧"→"切弧"命令，或单击 图标。

2）提示区提示：选择与圆弧相切的对象，选取直线 L1。

3）提示区提示：移动箭头选择圆弧在直线上的切点。选取直线 L1 上任意一点。

4）提示区提示：可通过自动捕捉功能选择圆弧端点，在空间中选择任意点 P1。结果如

图 2-33b 所示。

5）圆弧生成。重复步骤 2)～ 4)，可绘制另一条圆弧，或按〈Esc〉键返回。

a)   b)

图 2-33　动态绘制相切圆弧

2.4　绘制矩形

在菜单栏中选取"构图"→"矩形"命令，系统显示如图 2-34 所示的"矩形"子菜单。

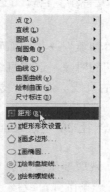

图 2-34　"矩形"菜单

选择后系统弹出"矩形"工具栏，各项功能如图 2-35 所示。

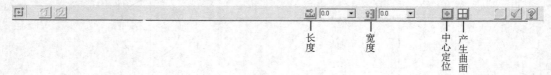

长度　　宽度　　中心定位　产生曲面

图 2-35　"矩形"工具栏

实际操作中可以通过指定矩形的两个对角点来绘制矩形。下面以图 2-36 为例。操作步骤如下。

1）在菜单栏中选取"构图"→"矩形"命令。

2）提示区提示：选取第一个角点，任意选取 P1 点或直接输入点位坐标。

3）提示区提示：选取第二个角点，选取 P2 点或者输入点位坐标。

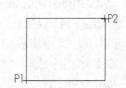

4）系统绘制出图 2-36 所示的矩形，重复步骤 2）和

图 2-36　两点法绘制矩形示例

3）可以绘制另一个矩形，或按〈Esc〉键返回。

当选取以中心定位时，系统会提示选取基准点，即矩形中心点，选定后输入相应的长度和宽度也可绘制所需矩形。

2.5　矩形形状设置

在 Mastercam X 中，还可以对矩形的参数进行设置，实现圆角绘制和旋转等功能。具体设置如图 2-37 所示。

圆角半径输入：设定矩形的圆角半径。

旋转角度输入：设定矩形旋转的角度。

矩形变形方式设置：选择绘制标准矩形及 3 种变形矩形。

矩形基准点位置设定：设定矩形基准点的位置，可选择共 9 点不同的位置。

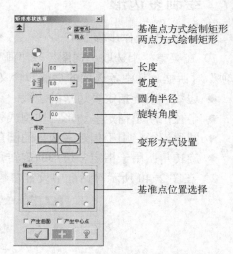

基准点方式绘制矩形
两点方式绘制矩形

长度
宽度
圆角半径
旋转角度

变形方式设置

基准点位置选择

图 2-37　"矩形形状选项"对话框

2.6　绘制椭圆

椭圆绘制操作步骤如下。

1）在菜单栏中选取"构图"→"画椭圆"命令，系统弹出"椭圆形选项"对话框，如图 2-38 所示。其中各参数含义如下。

● X 轴半径：用来指定椭圆的 X 轴半径长度。

● Y 轴半径：用来指定椭圆的 Y 轴半径长度。

● 起始角度：用来指定椭圆的起始角度。

● 终止角度：用来指定椭圆的终止角度。

● 旋转角度：用来指定椭圆的旋转角度。

注意：当起始角度大于 0°或终止角度小于 360°时，绘制部分椭圆。

2）按图 2-38 设置参数后，单击 ✓ 按钮。

3）系统绘制出如图 2-39 所示的椭圆，并提示继续指定中心点绘制另一个椭圆，或按〈Esc〉键返回。

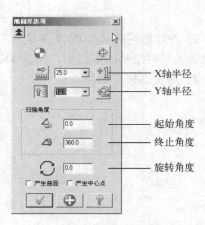

X轴半径
Y轴半径

起始角度
终止角度

旋转角度

图 2-38　"椭圆形选项"对话框

图 2-39　绘制椭圆示例

2.7　绘制多边形

多边形绘制操作步骤如下。

1）在菜单栏中选取"构图"→"画多边形"命令，系统弹出如图 2-40 所示的"多边形选项"对话框。其中各选项的功能和含义如下。

- 边数：用于指定多边形的边数。
- 半径：用于指定多边形内切圆或外接圆的半径。
- 圆角半径：用于指定多边形的圆角的半径值。
- 旋转角：用于指定多边形的旋转角度。

2）在图 2-40 所示对话框中设置参数后，单击 ✓ 按钮。

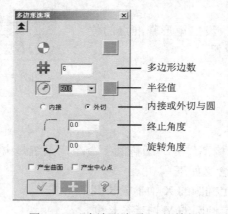

图 2-40　"多边形选项"对话框

3）在绘图区选取点 P0 为多边形中心点，系统即绘制出多边形，如图 2-41 所示。图 2-41a 为内切圆半径绘制的多边形，图 2-41b 为外接圆半径绘制的多边形。

4）单击 ✓ 按钮返回。

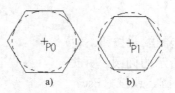

图 2-41　绘制多边形示例

2.8　绘制盘旋线

绘制盘旋线时，常配合曲面绘制中的扫描曲面或实体中的扫描实体来绘制旋绕几何图形。要启动"绘制盘旋线"命令，可选取"构图"→"绘制盘旋线"命令，启动后系统弹出如图 2-42 所示对话框。

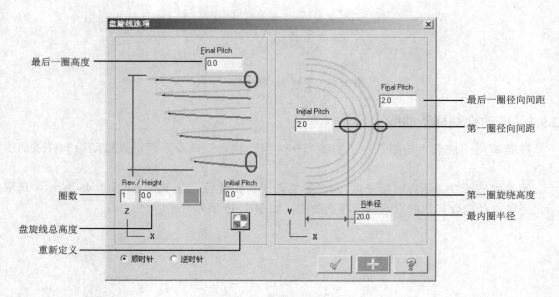

图 2-42 "盘旋线选项"对话框

2.9 绘制样条曲线

在菜单栏中选取"构图"→"曲线"命令，可以打开"曲线"子菜单，如图 2-43 所示。

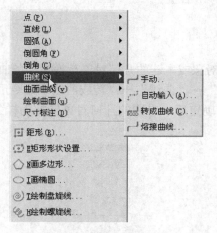

图 2-43 "曲线"子菜单

2.9.1 手动绘制样条曲线

在菜单栏中选取"构图"→"曲线"→"手动"命令，即进入手动绘制样条曲线状态。

提示区提示：选取点后，按〈Esc〉键，在绘图区定义样条曲线经过的点（P0～PN），选点结束后按〈Esc〉键，完成样条曲线的绘制，如图 2-44 所示。

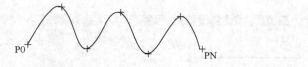

图 2-44 手动绘制样条曲线示例

2.9.2 自动绘制样条曲线

在菜单栏中选取"构图"→"曲线"→"自动输入"命令，即进入自动绘制样条曲线状态。

系统将按顺序提示选取第一点 P0，第二点 P1 和最后一点 P2，如图 2-45 所示。选取后，系统自动选取其他的点绘制出样条曲线，如图 2-45 所示。

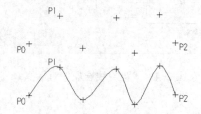

图 2-45 自动绘制样条曲线示例

注意：绘图区内应至少存在 3 个点。在系统自动选取样条曲线经过的点时，系统可能选用所有绘图区内的点，也可能只选用部分的点，这取决于绘图区内点的位置及选取的第一点、第二点及最后一点的顺序和位置。

2.9.3 转换为样条曲线

该选项可以将单个几何对象或串连的几何对象转换为样条曲线。

在菜单栏中选取"构图"→"曲线"→"转成曲线"命令后，根据提示选取该串连，再选取该串连的起始点，选择确定后，串连的几何对象转换为样条曲线。"串连选项"对话框如图 2-46 所示。

图 2-46 "串连选项"对话框

2.9.4 熔接样条曲线

该选项可以在两个对象（直线、圆弧、曲线）上给定的正切点处绘制一条样条曲线。操作步骤如下。

1）在菜单栏中选取"构图"→"曲线"→"熔接曲线"命令。

2）提示区提示：选取曲线1，选取曲线S1，如图2-47所示。

3）提示区提示：移动箭头至顺接位置，可选择输入 S 打开或关闭捕获功能，拖动鼠标移动箭头至切点P1。

4）提示区提示：选取曲线2，选取曲线S2。

5）提示同步骤3），输入S，利用捕获功能选取P2点。

6）系统显示出按默认设置（熔接值为1）生成的样条曲线，如图2-48所示。

7）设置完成后单击 按钮，系统完成样条曲线绘制。

8）重复步骤2）～7）可绘制另一条熔接样条曲线，或按〈Esc〉键返回。

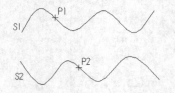 

图 2-47　熔接样条曲线选择点的示例　　　　　图 2-48　熔接值为 1 的熔接示例

2.10 绘制文字

Mastercam X 的绘制文字功能绘制的文字是由直线、圆弧、样条曲线等组成的组合体，可以直接用于生成刀具路径。

1. 绘制文字的设置

在菜单栏中选取"构图"→"绘制文字"命令，系统弹出"绘制文字"对话框，如图 2-49 所示。下面分别介绍对话框中各选项的含义。

（1）"字型"栏

用户可以在"字型"下拉列表框中选择不同的字型。Mastercam X 在此提供了 Drafting、MCX 和真实字型三类字型。Drafting 字型为注释文字，其设置与图形标注相同；MCX 是 Mastercam 提供的字型，共有 4 种：Block（立方体字）、Box（单线字）、Roman（罗马字）、Slant（斜体字）；真实字型是 Windows 系统提供的字型。

系统默认的字型为MCX(Box)Font。

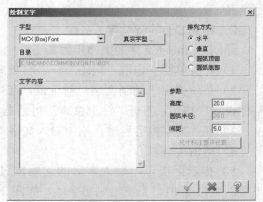

图 2-49　"绘制文字"对话框

（2）"文字内容"栏

"文字内容"栏用于文字字符的输入。

（3）"参数"栏

"参数"栏用于字体高度、字间距等参数的设置。"尺寸标注整体设置"按钮用于在选择 Drafting 字型后，打开"注解文本"对话框，如图 2-50 所示。"注解文本"对话框可以对文字高度、字间距、对齐方式、字型等进行设置。

图 2-50　"注解文本"对话框

（4）"排列方式"栏

"排列方式"栏用于设置字体排列的形式，共有 4 个选项。

● 水平：文字水平排列。

● 垂直：文字垂直排列。

● 圆弧顶部：文字为弧形向上排列。

● 圆弧底部：文字为弧形向下排列。

当选择"圆弧顶部"或"圆弧底部"单选按钮时，可以在"圆弧半径"文本框中输入弧形半径。

2．绘制 Drafting 文字

绘制 Drafting 文字的操作步骤如下。

1）在菜单栏中选取"构图"→"绘制文字"命令。

2）系统弹出"绘制文字"对话框，在"字型"栏选择 Drafting 字型，单击"尺寸标注整体设置"按钮，打开"注解文本"对话框，在"字体高度"文本框中输入文字高度 10。

3）在"文字内容"输入框中输入文字"MASTERCAM"。

4）单击 ✓ 按钮。

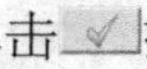

5）提示区提示：输入字母的起始位置，单击文字左下角的定位点 P1，系统绘制出字体，如图 2-51 所示。

3．绘制文字

绘制文字的操作步骤如下。

图 2-51　绘制 Drafting 文字示例

1）在菜单栏中选取"构图"→"绘制文字"命令。

2）在"字型"栏选择 Slant 字型。

3）在"文字内容"输入框中输入文字，这里只能输入单行大写字符。

4）输入文字高度 10 后，默认文字间距。

5）选择文字排列方向，单击 ✓ 按钮。

6）输入文字左下角的定位点，即可连续绘制相同的直行文字。图 2-52 所示分别为字型中的 Slant、Box、Roman、Block 字体。

M A S T E R C A M X

a)

MASTERCAMX

b)

MASTERCAMX

c)

MASTERCAMX

d)

图 2-52　绘制文字示例

a) Slant 字体　b) Box 字体　c) Roman 字体　d) Block 字体

2.11　习题与练习

1. 选择正确的线型，绘制如图 2-53 所示二维图形中粗实线与中心线轮廓，省略尺寸标注及文字注释。

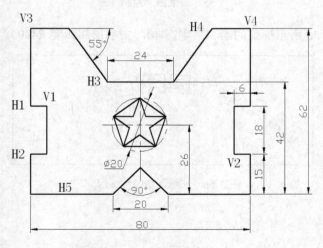

图 2-53　二维图形绘制（一）

2. 绘制如图 2-54 所示二维图形中粗实线部分的外形轮廓。

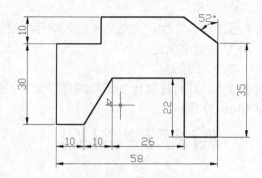

图 2-54　二维图形绘制（二）

3. 绘制如图 2-55 所示二维图形中粗实线部分轮廓。

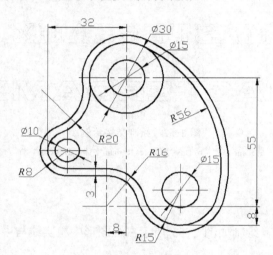

图 2-55　二维图形绘制（三）

4. 完成如图 2-56 所示标牌的绘制（字高 40，文字顶部弧度 R400）。

图 2-56　二维图形绘制（四）

第3章 图形编辑

仅仅掌握前面所述 Mastercam X 系统基本绘图在面对复杂几何图形时是不够的。这些编辑命令可以改变现有的几何图形性质，提高绘图效率。

3.1 选取几何对象

要对图形进行编辑，首先要选取几何对象，才能进一步对几何对象进行操作，所以在介绍各编辑命令之前，先介绍几何对象的选取方法。图 3-1 所示为选取对象经常使用的"目标选择"工具栏。

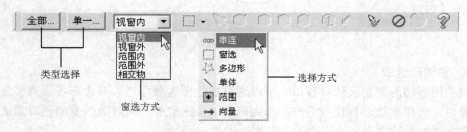

图 3-1 "目标选择"工具栏

1．单体与串连选取

单体选取，可通过鼠标单击选取图素。

串连选取，通过鼠标单击选取某一图素，可以选取与该图素首尾相连的一组几何图素。

单体选取时，直接用鼠标选取矩形的上边，则仅选取这一条直线，如图 3-2a 所示；串连选取时，用鼠标选取矩形的上边时，同时选取矩形的 4 条边，如图 3-2b 所示。

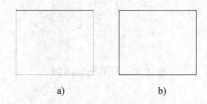

a)　　　　　　　　b)

图 3-2 单体与串连选取示例

2．窗选

该项用矩形来定义选择窗口。可以通过在绘图区选取矩形的两个对角点来定义矩形选择窗口。在"目标选择"工具栏的选择方式中选择"窗选"选项时，可以有效地选择大量的几何图形，通常和窗选方式的 5 种类型配合使用。

这 5 个选项用来设置选择窗口的类型。用户只能且必须选择其中的一项。

视窗内：被选取的对象为选择窗口内的所有对象，如图 3-3 中的圆 C1。

视窗外：被选取的对象为选择窗口外的所有对象，如图 3-3 中的圆 C2。

范围内：被选取的对象为选择窗口内及与选择窗口相交的所有对象，如图 3-3 中的圆 C1 和直线 L1。

范围外：被选取的对象为选择窗口外及与选择窗口相交的所有对象，如图 3-3 中的圆 C2 和直线 L1。

相交物：被选取的对象为与选择窗口相交的所有对象，如图 3-3 中的直线 L1。

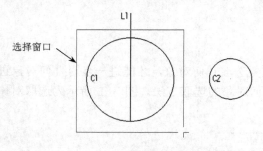

图 3-3　窗选示例

3．多边形选取

该项用多边形来定义选择窗口。可以通过在绘图区顺序选取多边形各顶点来定义多边形选择窗口。选择多边形各顶点后按回车键确定，被选取的几何对象改变颜色以示选中。多边形选取方式与 5 种交叉方式配合效果和窗选方式相同。

4．范围选取

该项通过选取封闭区域内的任意一点来选取封闭图形及其内部的几何对象。如图 3-4a 所示，在 P1 位置单击后，能够选择形成该封闭区域的大圆及其内部的小圆，而小圆内的矩形则不被选择如图 3-4b 所示。

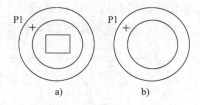

图 3-4　范围选取示例

5．向量选取

选中该项后可通过连续单击产生向量直线，与向量直线相交的几何图形被选中。如图 3-5a 所示，P1、P2 为向量，与之相交的图素被选中，执行删除后将选中的图素删除，如图 3-5b 所示。

6．单一选取

单击 ^{单一} 按钮后，可以通过"单一"选取对话框选择具有某一特定类型或属性的一组几何图形。其选择对话框如图 3-6 所示。

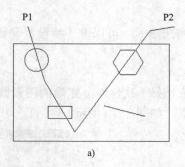
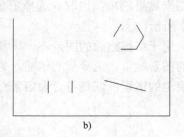

图 3-5 向量选取示例

a) 选择 b) 选中后删除

7. 全部选取

全部选取与单一选取功能相似，增加了"所有图素"、"转换结果"、"转换群组"和"群组管理"功能，如图 3-7 所示。

图 3-6 "单一"选取对话框

图 3-7 "全部"选取对话框

3.2 删除与恢复

在对图形进行编辑时，很多情况下都需要删除对象，而有些情况下，被删除的对象有可能又要被恢复，因此删除对象和恢复被删除的对象在编辑图形时都很重要。

该选项用于从屏幕和系统的资料库中删除或恢复一个或一组几何对象。操作时通过"编辑"→"删除"命令来进行相应的操作，"删除"子菜单如图 3-8 所示。

删除实体：用于将选择的几何图形删除。

删除重复图素：用于将重叠的几何图形删除。

删除重复图素高级选项：选取并选择重叠的几何图形后，可以进一步设置要删除图素的属性，如图 3-9 所示。

恢复删除：用于将被删除的图素逐一恢复。

恢复删除的图素数量：选择后通过输入具体数值选择一次性恢复删除的图素数量。

恢复删除限定的图素：恢复符合设定条件的图素，如图 3-10 所示。

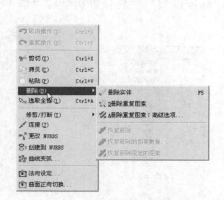

图 3-8 "删除"子菜单　　　　图 3-9 "删除重复图素"对话框　　　　图 3-10 恢复删除属性设置

3.3 转换几何对象

菜单栏中的"转换"命令主要用来改变几何对象的位置、方向和尺寸等。选择该项后，在菜单栏中显示"转换"菜单，如图 3-11 所示，下面对"转换"菜单中的各选项分别进行介绍。

3.3.1 镜像

"镜像"选项用来产生被选取对象的镜像，适用于绘制具有轴对称特征的对象。操作步骤如下。

1）在菜单栏中选取"转换"→"镜像"命令，或在工具栏中单击 按钮。

2）系统提示选择要镜像的几何对象，选择几何对象后按〈Enter〉键确定。

3）系统弹出"镜像选项"对话框，如图 3-12 所示。根据需要设定镜像轴及镜像方式，最后单击 按钮。

图 3-11 "转换"菜单

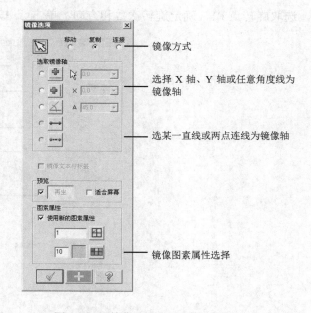

图 3-12 "镜像选项"对话框

"镜像方式"栏包括 3 个单选按钮。

● 移动：选择该单选按钮，在生成镜像的同时，移动原选择对象。
● 复制：选择该单选按钮，在生成镜像的同时，保留原选择对象。
● 连接：选择该单选按钮，在生成镜像的同时，保留原选择对象，且在原对象和生成对象的端点连接直线。

"使用新的图素属性"复选框：该复选框用来设置镜像操作生成的几何对象的属性。未选中时，所生成的对象与原对象属性相同；选中该复选框，则生成的对象与当前设置的对象属性相同。

"镜像文本与标签"复选框：该复选框仅在对图形注释进行镜像操作时才有效。当选中该复选框时，注释文本及导引线均进行镜像；未选中时，生成的注释文本及导引线不进行镜像操作。

4）按图 3-12 设置后，单击 ✓ 按钮，完成镜像。

5）系统绘制出如图 3-13 所示的镜像，P1 为原对象，P2 为生成对象。重复步骤 2）~4）可继续绘制镜像，或按〈Esc〉键返回。

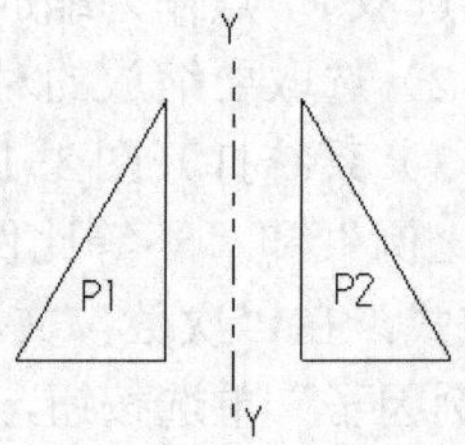

图 3-13 绘制镜像示例

3.3.2 旋转

"旋转"选项将选择的对象绕任意选取点进行旋转。下面以图 3-14 为例进行说明。操作步骤如下。

1）在菜单栏中选取"转换"→"旋转"命令，或在工具栏中单击 按钮。

2）系统提示选取要旋转的对象，选取矩形后，单击 ✓ 按钮。

3）系统弹出"旋转选项"对话框，如图 3-15 所示。其中各选项内容基本与"镜像选项"对话框相同,选取旋转点 P1,确定旋转次数和方向,单击 ✓ 按钮。

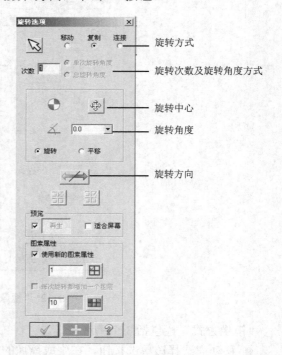

图 3-15　"旋转选项"对话框

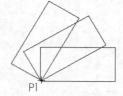

图 3-14　旋转图形绘制示例

4)系统绘制出旋转后的矩形,如图 3-14 所示。

5)重复步骤 2)～4)可以旋转图形,或按〈Esc〉键返回。

3.3.3　比例缩放

"比例缩放"选项可将选取对象按指定的比例系数缩小或放大。操作步骤如下。

1)在菜单栏中选取"转换"→"比例缩放"命令,或在工具栏中单击 ⬛ 按钮。如图 3-16 所示选取 P1 点作为缩放的基点。

2)选取要缩放的对象矩形后,按〈Enter〉确定。

3)系统打开图 3-17 所示的"比例缩放选项"对话框,有"等比例"和"不等比例"两种缩放方式。选择"等比例"缩放方式,在"次数"文本框中输入 2,在"等比例"栏中选择"比例因子"单选按钮,在文本框中输入 1.2。

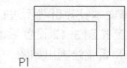

图 3-16　等比例缩放绘制示例

4)单击"确定"按钮,系统即绘制出缩放后的矩形,如图 3-16 所示。

5)如果在步骤 3)时,选择"不等比例"单选按钮,系统打开图 3-18 所示的对话框。与图 3-16 不同的是,图 3-18 给出了 X、Y、Z 三个比例因子输入框,分别输入 X 为 2、Y 为 1.5、Z 为 1,缩放次数输入 1。

6)单击 ✓ 按钮,系统绘制出矩形 R2,如图 3-19 所示。

7)重复步骤 2)～4)可继续绘制比例缩放图形,或按〈Esc〉键返回。

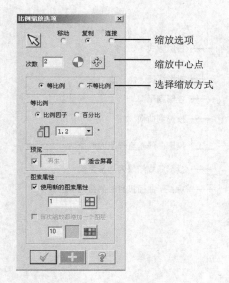

图 3-17 "比例缩放选项"对话框

图 3-18 不等比例缩放

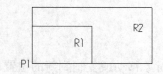

图 3-19 不等比例缩放示例

3.3.4 投影

"投影"选项可以将选取对象根据定义的深度在构图面上投影一定距离，或者投影到指定的平面上或曲面上。下面以图 3-20 为例进行说明。操作步骤如下。

1）在菜单栏中选取"转换"→"投影"命令。

2）选取投影对象样条曲线后单击"确定"按钮，显示"投影选项"对话框，如图 3-21 所示。

3）按图 3-21 设置，输入深度 20，单击 按钮。

4）系统完成投影绘制，如图 3-20 所示。图 3-20a 为投影生成后的前视图，图 3-20b 为等角视图效果。

a)   b)

图 3-20 投影绘制示例

a) 投影生成后的前视图 b) 等角视图效果

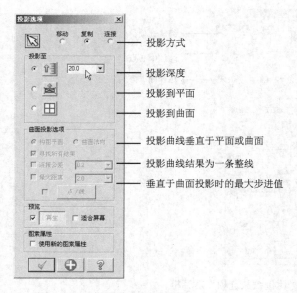

图 3-21 "投影选项"对话框

3.3.5 平移

"平移"选项可将被选择几何对象移动或复制到新的位置。操作步骤如下。

1）在菜单栏中选取"转换"→"平移"命令，或在工具栏中单击 按钮。

2）选择要平移的几何对象，选取矩形 R1 后单击"确定"按钮，显示"平移选项"对话框，如图 3-22 所示。

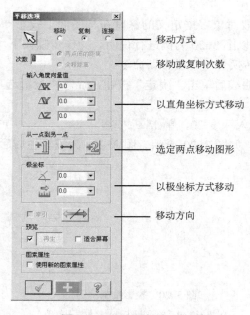

图 3-22 "平移选项"对话框

3）选择指定平移向量的方式。

4）输入平移的向量，在文本框中输入"25，50"后，按〈Enter〉键。

5）系统绘制出如图3-23a所示的矩形R2。

6）重复步骤2）～5），可继续绘制平移图形，或按〈Esc〉键返回。

平移向量的几何方式介绍如下。

直角坐标方式：该选项通过直角坐标的形式来表示平移的向量。选该项后，在输入框中分别输入X、Y、Z方向的平移量，中间用"，"隔开，在单方向移动时，可只输入X或Y值。

极坐标方式：该选项通过极坐标的形式来表示平移的向量。选该项后，先输入距离，再输入平移角度。

两点方式：该选项通过两点来定义平移的向量。选该项后输入平移的起点和终点，图3-23b所示为矩形R2以P1为起点，P2为终点的平移结果。

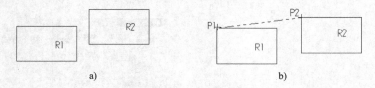

a)　　　　　　　　　　　　　　　　b)

图3-23　平移图形绘制示例

3.3.6　单体补正

"单体补正"选项的功能为按指定的方向等距移动或是复制几何对象，且几何对象只能是直线、圆弧、曲线。下面以图3-24a为例进行说明。操作步骤如下。

1）以 $r=120$ 绘制2点圆弧R1。

2）在菜单栏中选取"转换"→"单体补正"命令，或在工具栏中单击 按钮，系统打开如图3-25所示的"补正选项"对话框，设置参数如图3-25所示。

3）选取圆弧R1，单击鼠标左键指定补正方向P1，如图3-24b所示。

4）系统绘制出补正的圆弧R2和R3，如图3-24b所示。

5）重复步骤3）和4）可继续得到补正线条，或按〈Esc〉键返回。

注意：当补正距离设置为负值时，则实际的补正方向与选择的补正方向相反。

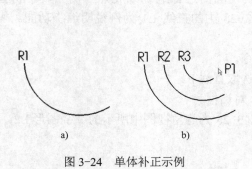

a)　　　　　　　　b)

图3-24　单体补正示例

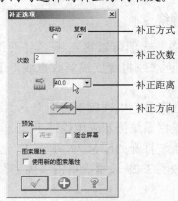

图3-25　"补正选项"对话框

3.3.7　串连补正

"串连补正"选项可以按给定的距离、方向及方式移动或复制串连在一起的几何对象。该功能与"单体补正"的功能类似。操作步骤如下。

1）绘制折线如图 3-26a 所示。

2）在菜单栏中选取"转换"→"串连补正"命令。

3）选择要补正的串连对象，弹出"串连补正"对话框，选取串连对象 L1 后，单击"确定"按钮。

4）系统打开图 3-27 所示的"串连补正"对话框，按图 3-27 设置后，单击 ✓ 按钮。

5）系统绘制出图 3-26b 所示的串连补正图形，重复步骤 2）和 3）可继续绘制串连补正图形，或按〈Esc〉键返回。

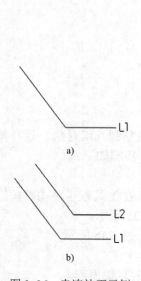

图 3-26　串连补正示例

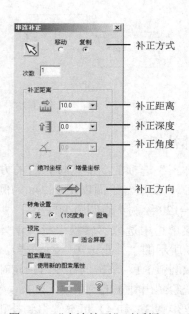

图 3-27　"串连补正"对话框

3.3.8　缠绕

"缠绕"选项可以将直线、圆弧和样条曲线绕圆筒进行缠绕或展开。例如，可将直线缠绕成螺旋线或将螺旋线展成直线。下面以图 3-28 中的直线 L1 为例说明缠绕功能。操作步骤如下。

1）在菜单栏中选取"转换"→"缠绕"命令。

2）根据系统提示采用串连方式选取对象。选取直线 P。

3）系统打开如图 3-29 所示的"缠绕选项"对话框。

4）按图 3-29 设置后单击"确定"按钮。图 3-28 为等角视图中所示的缠绕图形 L2。

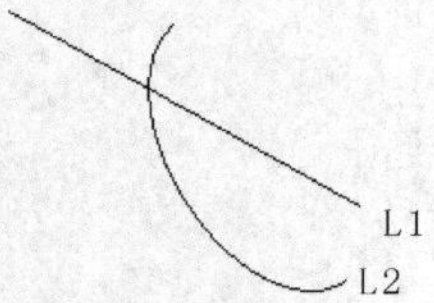

L1
L2

图 3-28　缠绕图形绘制示例

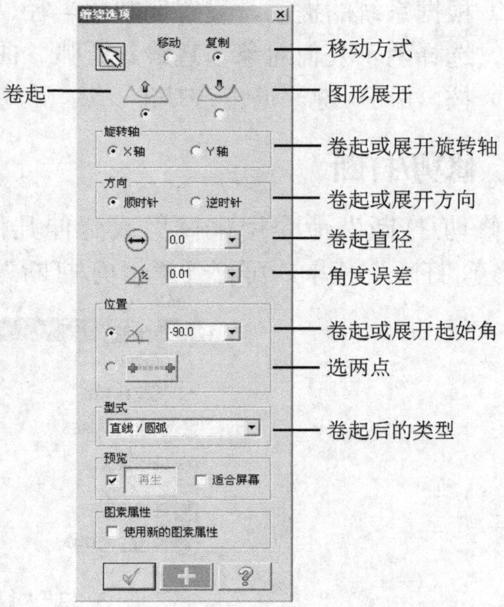

缠绕选项
移动
复制
移动方式
卷起
图形展开
旋转轴
X轴
Y轴
卷起或展开旋转轴
方向
顺时针
逆时针
卷起或展开方向
0.0
卷起直径
0.01
角度误差
位置
-90.0
卷起或展开起始角
选两点
型式
直线 / 圆弧
卷起后的类型
预览
再生
适合屏幕
图素属性
使用新的图素属性

图 3-29　“缠绕选项”对话框

3.4　修整几何对象

修整功能可以改变现有几何对象的性质。通常使用的有“倒圆角”、“修剪延伸”、“断开”、“连线”、“法线方向”、“控制点”、“转成 NBS”、“延伸”、“动态位移”及“曲线变弧”。

3.4.1　倒圆角

“倒圆角”选项用于在两个几何对象之间产生一条圆弧，且正切于两对象。下面以图 3-30 为例进行说明。操作步骤如下。

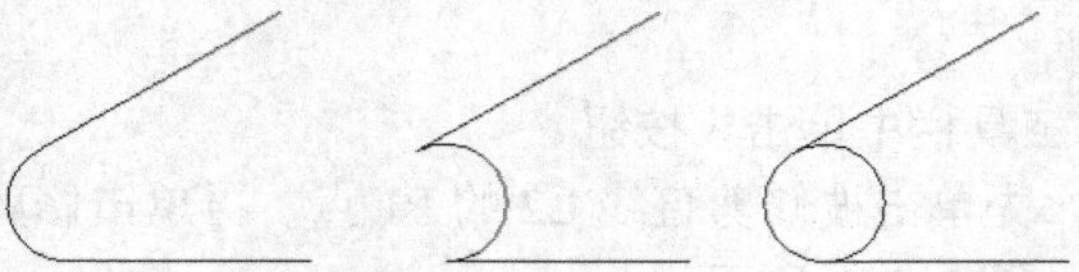

a)　b)　c)

图 3-30　角度值不同的倒圆角

1）在菜单栏中选取“构图”→“倒圆角”命令，显示“倒圆角”工具栏，如图 3-31 所示。

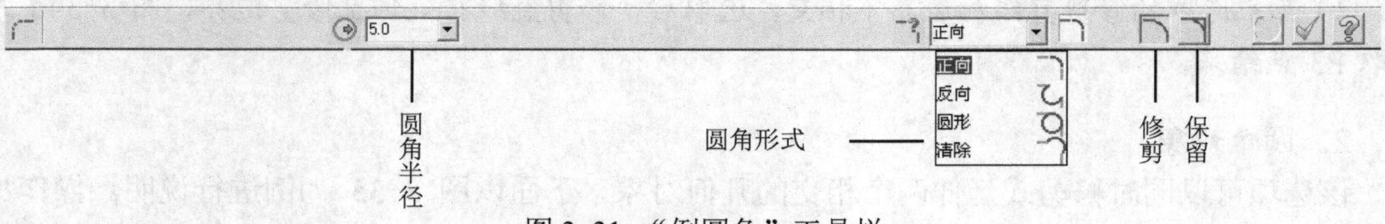

5.0
正向
正向
反向
圆形
清除
圆角半径
圆角形式
修剪
保留

图 3-31　“倒圆角”工具栏

2）根据系统的提示，设置倒圆角半径、角度和修剪参数。

3）选择两个几何对象（直线、圆弧、曲线）。

4）按〈Esc〉键，退出该功能。

3.4.2 修剪/打断

"修剪/打断"命令用来修剪或延伸几何对象至指定边界，在菜单栏中选取"编辑"
→"修剪/打断"菜单，可打开"修剪/打断"子菜单，如图3-32所示。

图3-32 "修剪/打断"子菜单

在菜单栏中选取"编辑"→"修剪/打断"→"修剪/打断"命令，或在工具栏中单击 按
钮，可打开"修剪/打断"工具栏，如图3-33所示。共有5种修剪/打断方式，分别如下所示。

图3-33 "修剪/打断"工具栏

1. 单个对象

该选项可以对单个几何对象进行修剪或延伸。下面以图 3-34 为例进行说明。操作步骤
如下。

1）在"修剪/打断"工具栏中单击 按钮。

2）如图3-34a所示，先单击被修剪直线L2的P1点，再单击修剪边界线L1。

3）系统完成修剪，如图3-34b所示。

4）重复步骤2）和3），可继续修剪操作。

注意：

1）在不同点选取要修剪的对象得到的修剪结果不同，选择点一端应为保留部分，如
图3-34b为选取P1点结果；图3-34c为选取P2点结果。

2）如果选取的修剪直线和边界不相交，选取后，修剪直线将延伸至修剪边界，图3-34d为
选取P3点结果。

2. 两个对象

该选项可以同时修剪或延伸两个相交的几何对象。下面以图 3-35 为例进行说明。操作步
骤如下。

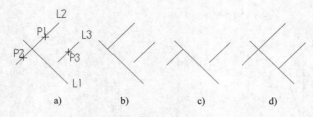

图 3-34　修剪单个对象示例

1）在"修剪/打断"工具栏中单击⊥按钮。

2）选取要修剪的直线 L1 和 L2，系统即完成修剪或延伸。

3）重复步骤 2）和 3）可继续修剪操作。

注意：

1）要修剪的两条直线必须要有交点或延伸交点。

2）选择的一端为保留部分，如图 3-35 所示。

3）未到交点的直线，选取后，直线修剪或延伸至交点。

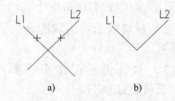

图 3-35　修剪两条直线示例

3．三个对象

该选项同时对三个几何对象进行修剪。下面以图 3-36 为例进行说明。操作步骤如下。

1）在"修剪/打断"工具栏中单击⊥按钮。

2）选取要修剪的直线 L1、L2 和 R1（见图 3-36a），系统即完成修剪或延伸，如图 3-36b 所示。

3）重复步骤 2）和 3），可继续修剪操作。

注意：要修剪的第三对象和第一、二对象必须有交点或延伸点，操作才能完成。

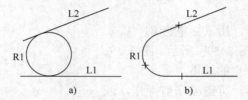

图 3-36　修剪三个对象示例

4．分割对象

分割对象是最常用的修剪方法，可以将两点间的对象进行修剪。下面以图 3-37a 为例进行说明。操作步骤如下：

1）在"修剪/打断"工具栏中单击⊥按钮。

2）按图 3-37b 所示顺序选取要修剪的直线和圆上的 P1～P7 各点。

3）完成修剪，结果如图 3-37c 所示。

5．至某一点

该选项修剪或延伸选取的几何对象至由选取点确定的位置。下面以图 3-38 为例进行说明。操作步骤如下。

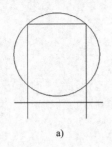 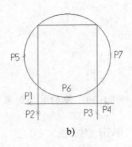 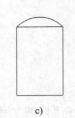

a)   b)   c)

图 3-37　分割对象示例

　　1）在"修剪/打断"工具栏中单击 按钮。

　　2）系统提示：选取图素去修剪或延伸。选取图中
的圆弧。

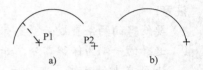

　　3）系统提示：指出修剪或延伸位置。选取点
P1，系统完成修剪。

a)   b)

　　4）重复步骤 2）和 3），选取修剪或延伸位置为点

图 3-38　修剪或延伸某对象示例

P2，完成修剪操作，结果如图 3-38b 所示。

3.4.3　多物修整

　　该选项以一个几何对象为边界同时修剪或延伸多个几何对象。下面以图 3-39a 为例进行
说明。操作步骤如下。

　　1）在菜单栏中选取"编辑"→"修剪/打断"→"多物修整"命令，或在工具栏中单击
 按钮。

　　2）选取要修剪的所有几何对象后，单击 按钮。

　　3）选取修剪边界线。

　　4）选择要保留的部分，用鼠标单击 P1 点。

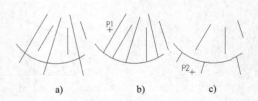

　　5）系统完成修剪，如图 3-39b 所示。图 3-39c
为选择保留部分时单击 P2 点的结果。

a)   b)   c)

　　6）重复步骤 2）~5），可继续修剪操作，或
按〈Esc〉键返回。

图 3-39　多物修整示例

3.4.4　在交点处打断

　　该选项用来剪除某一几何对象（直线或圆弧）落在两边界中的部分，下面以图 3-40 为
例进行说明。操作步骤如下。

　　1）在菜单栏中选取"编辑"→"修剪/打断"→"在交点
处打断"命令。

　　2）选取要打断的对象圆弧 C1。

　　3）选取第一边界直线 L1。

　　4）选取第二边界直线 L2。

图 3-40　在交点处打断示例

5）3 个图素在交点处均被打断。

6）按〈Esc〉键退出。

线段是否被打断可以通过捕捉图素时是否变色，或使用"删除"命令验证。图 3-40 为将圆弧 C1 打断后删除中间部分的结果。

3.4.5 打成若干段

该选项是将一个几何对象分割打断生成多个对象。在菜单栏中选取"编辑"→"修剪/打断"→"打成若干段"命令，或在工具栏中单击 按钮，其工具栏如图 3-41 所示。

图 3-41 "打成若干段"工具栏

如图 3-42 所示，选择将长度为 90 的线段分割为长度为 30 的 3 条线段，具体操作步骤如下。

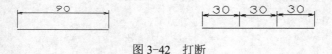

图 3-42 打断

1）从菜单栏中选取"编辑"→"打成若干段"命令。

2）选取目标直线。

3）在"分段数"输入框中输入打断数目"3"，按〈Enter〉键确定，线段自动分成 3 段。

3.4.6 恢复全圆

该选项将任意圆弧恢复为一个完整的圆。下面以图 3-43a 为例进行说明。操作步骤如下。

1）在菜单栏中选取"编辑"→"修剪/打断"→"恢复全圆"命令。

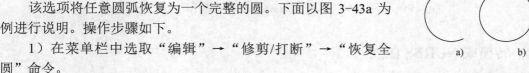

图 3-43 恢复全圆示例

2）选取圆弧，系统即将其恢复为全圆，如图 3-43b 所示。

3）重复步骤 2）可继续恢复全圆。

3.4.7 连接

该选项可以将多个几何对象连接为一个几何对象。操作步骤如下。

1）在菜单栏中选取"编辑"→"连接"命令。

2）顺序选取需要连接的同类直线、圆弧或曲线，按〈Enter〉键确定。

3）确定后可将所选取的多个同类图素连接成一个图素。

用户可以将图 3-40 和图 3-42 中被打断的图素作连接操作。

注意：

1）所选取的两个对象类型必须一样。只能进行线与线、弧与弧、样条曲线与样条曲线之间的操作。

2）所选取的两个对象必须是相容的，即两直线必须共线，两圆弧必须同心、同半径，两样条曲线必须来自同一原始样条曲线。

3.4.8　修整控制点

该选项用来改变 NURBS 曲线或曲面的控制点，以生成新的 NURBS 曲线或曲面。下面以图 3-44 为例进行说明。操作步骤如下。

1）在菜单栏中选取"编辑"→"更改 NURBS"命令。

2）选取 NURBS 曲线或曲面，系统自动显示各控制点，如图 3-44a 所示。

3）根据提示，选取要改变的控制点 P1。

4）系统显示两种新控制点位置的方法分别如下。

● 动态选项：使用鼠标去移动控制点，至合适位置按鼠标左键，如图 3-44b 中的 P2 点。

● pointy Entity（输入点）选项：输入一个点的新值。

5）系统完成控制点修整，如图 3-44 所示，重复步骤 2）～4），可以继续修整控制点，或按〈Esc〉键返回。

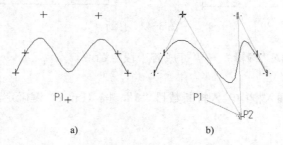

a)　　　　　　　　b)

图 3-44　修整 NURBS 曲线控制点示例

3.4.9　转换成 NURBS 曲线

该选项可以将圆弧、直线、样条曲线和曲面转换成 NURBS 格式。操作步骤如下。

1）在菜单栏中选取"编辑"→"创建到 NURBS"命令。

2）如图 3-45 所示，选取需要转换的图素对象 R1 后按〈Enter〉键确定，即可将对象属性变为 NURBS 格式。

3）选取转换后的图素对象。

4）在菜单栏中选取"分析"→"图素属性"命令，系统弹出"图素属性"对话框，如图 3-46 所示。标题栏显示"NURBS 曲线属性"，说明已将圆弧 R1 属性转换成 NURBS 格式。

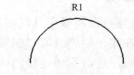

图 3-45　圆弧转换成 NURBS 格式

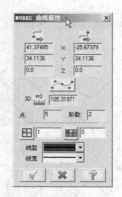

图 3-46 "图素属性"对话框

3.4.10 样条曲线转换为圆弧

该选项用于将圆弧形的样条曲线转换为圆弧属性。操作步骤如下。

1）在菜单栏中选取"编辑"→"曲线变弧"命令，"曲线变弧"工具栏如图 3-47 所示。

2）在"曲线变弧"工具栏中设置弦高值和转换后原图形的保留方式。

3）选取图 3-45 所示转换成 NURBS 格式的样条曲线后，按〈Enter〉键确定。

4）系统完成将样条曲线转换为圆弧的操作。

5）用"图素属性"命令查询曲线属性。

图 3-47 "曲线变弧"工具栏

3.5 习题与练习

1. 绘制如图 3-48 所示二维图形中的粗实线轮廓。

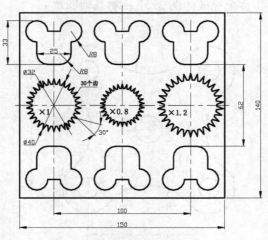

图 3-48 二维图形绘制（一）

2. 完成如图 3-49 所示二维图形中粗实线轮廓和中心线的绘制。

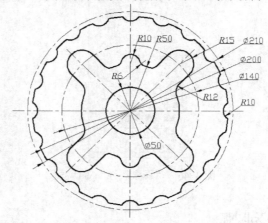

图 3-49　二维图形绘制（二）

3. 利用矩形、圆及"修剪"命令完成如图 3-50 所示几何图形。

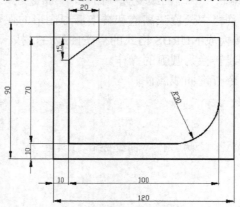

图 3-50　二维图形绘制（三）

4. 利用圆及"修剪"命令完成如图 3-51 所示几何图形。

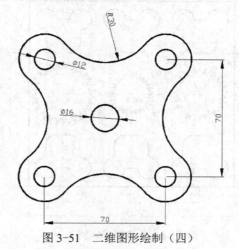

图 3-51　二维图形绘制（四）

第4章 图形标注

图形标注主要包括尺寸、注释文本及填充图案等。对图形进行标注是绘制工程图必不可少的内容。

在菜单栏中选取"构图"→"尺寸标注"命令可打开"尺寸标注"子菜单,如图 4-1 所示。

图 4-1 "尺寸标注"子菜单

4.1 尺寸标注样式设置

在进行尺寸标注时,可以采用系统的默认设置,也可以在标注前或标注过程中对其进行设置。选择菜单栏中的"构图"→"尺寸标注"→"选项"命令,系统弹出"Drafting 选项"对话框,如图 4-2 所示。可以通过改变尺寸标注的设置来更新选择的尺寸标注。在设置尺寸标注参数之前,可以在图 4-3 中先了解尺寸标注组成。

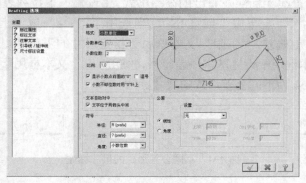

图 4-2 "Drafting 选项"对话框

图 4-3 尺寸标注各参数的定义

4.1.1 设置尺寸标注的属性

"Drafting 选项"对话框中的"标注属性"选项卡,用来设置标注形式的属性,如图 4-2 所示。

1. "坐标"栏

"坐标"栏用来设置长度尺寸文本的格式。

1)"格式"下拉列表框:用来设置长度的表示方式。系统提供了小数单位、科学记号、工程单位、分数单位和建筑单位 5 种表示方式。

2)"分数单位"下拉列表框:当选择分数单位或建筑单位表示法时,用来设置分数的最小单位。

3)"小数位数"文本框:当选择十进制方法、科学计数法或工程表示法时,用来设置小数点后保留的位数。

4)"比例"文本框:用来指定标注尺寸与绘图尺寸间的比例。

5)"显示小数点前面的 0"复选框:当标注尺寸小于 1 时,若选中该复选框,标注尺寸在小数点前加 0;否则标注尺寸在小数点前不加 0。

6)"小数不够位数时用 0 补上"复选框:若选中该复选框,小数点用";"代替。

2. "文字自动对中"栏

当选中"文字位于两箭头中间"复选框时,系统自动将尺寸文字放置在尺寸界线的中间,否则可以移动尺寸文字的位置,此功能与快捷标注中的〈C〉快捷键的意义相同。

3. "符号"栏

该栏用来设置半径标注、直径标注及角度标注的尺寸文字格式。

4. "公差"栏

该栏用来分别设置线性标注及角度的公差格式。"设置"下拉列表框用来选择公差的表示形式("无"、"+/-"、"上下限"或 DIN)。当选中了"+/-"或"上下限"选项时,"上限"文本框用于指定上偏差,"下限"文本框用于指定尺寸的下偏差。当选中了 DIN 选项时,"DIN 字元"文本框用于设置基本偏差符号,"DIN 值"文本框用于设置公差等级,取值范围为 1~255。图 4-4 为不同公差形式的尺寸标注。

图 4-4 不同公差形式的尺寸标注

4.1.2 设置标注文本

"标注文本"选项卡用来设置尺寸文字的属性，如图4-5所示。各项目含义如下。

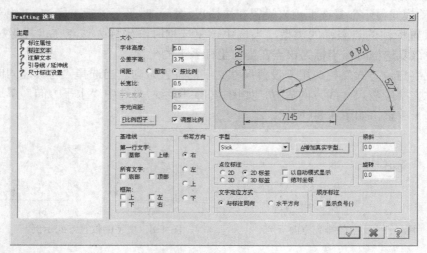

图4-5 "标注文本"选项卡

1)"大小"栏：用来设置尺寸文字大小的规格，可以直接输入尺寸文字高度、公差文字高度、字元宽度和字元间距等。"间距"一般选择"固定"单选按钮。单击"按比例"单选按钮，可以打开"尺寸字高的比例因子"对话框，如图4-6所示。可以从该对话框中设置公差字高、箭头长度和宽度、延伸线的间隙及延伸线的延长量等。

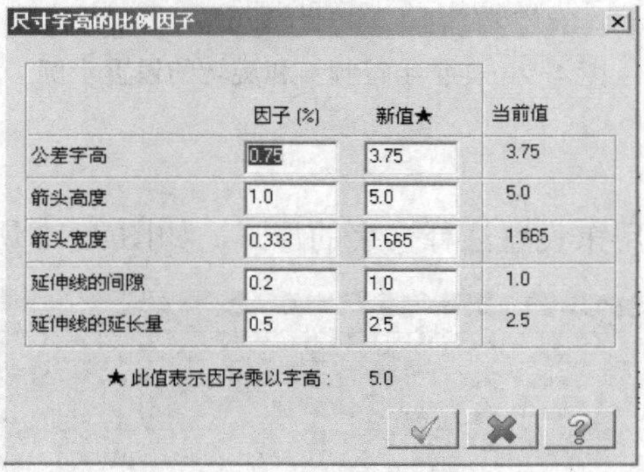

图4-6 "尺寸字高的比例因子"对话框

2)"基准线"栏：用于设置在字符上添加基准线的方式。"第一行文字"选项：在第一行字符的基部或上缘加上一条基准线；"所有文字"选项：在每一行的底部或顶部加上一条基准线；"框架"选项：在全部字符的上边或下边、左侧或右侧加上一条基准线。

3)"书写方向"栏：用于设置不同的字符排列方向。选择"右"单选按钮，文字向右排列；选择"左"单选按钮，文字向左排列；选择"上"单选按钮，文字向上排列；选择"下"单选按钮，文字向下排列，如图4-7所示。除"右"单选按钮外，其他单选按钮在尺寸文字中使用较少，主要在注释文字中应用。

4）"字型"栏：用于设置尺寸文字的字体，其设置方法与快捷方式标注中的字型选项相同。

5）"点位标注"栏：4个单选按钮用来设置点坐标的标注格式。

"以自动模式显示"复选框用来设置在快捷尺寸标注时是否进行点标注，"绝对坐标"复选框用来设置标注的点坐标的类型，当选中该复选框时，坐标为该点在世界坐标系下的坐标；未选中该复选框时，坐标为该点在当前坐标系下的坐标。

6）"文字定位方式"栏：用于设置尺寸文字的位置方向。当选择"与标注同向"单选按钮时，尺寸文字顺着尺寸线方向放置，如图 4-8a 所示；当选中"水平方向"单选按钮时，尺寸文字水平放置，如图 4-8b 所示。

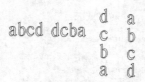

图 4-7　文字的排列方向示例

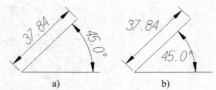

图 4-8　文字的位置方向示例

7）"顺序标注"栏："显示负号"复选框用来设置顺序标注时尺寸文字前面是否带有"–"号。

8）"倾斜"栏：用于设置文字字符（见图 4-9a）的倾斜角度，如图 4-9b 所示。

9）"旋转"栏：用于设置文字字符（见图 4-9a）的旋转角度，如图 4-9c 所示。

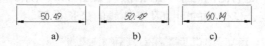

图 4-9　文字字符倾斜和旋转的设置示例

4.1.3　设置注释文字

"注解文本"选项卡，用来设置注释文字的形式，如图 4-10 所示。

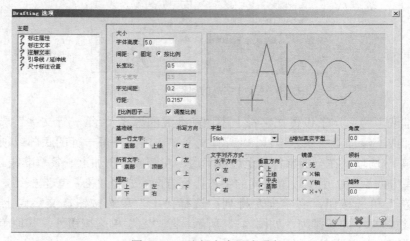

图 4-10　"注解文本"选项卡

该选项卡中的选项及含义与"标注文本"选项卡中的选项及含义基本相同，不相同的是增加了下面几个选项。

1）在"大小"栏中增加了行距的设置。

2）"文字对齐方式"栏：用来设置注释文字相对于指定基准点的位置，其中"水平方向"分为3项：左、中、右；"垂直方向"分为5项：上、上缘、中央、基部、下，如图4-11所示。基准点的默认值是水平方向的中部和垂直方向的基部。

3）"镜像"栏：用来设置注释文字的镜像效果，包括4项：不选镜像、镜像轴平行X轴、镜像轴平行Y轴、镜像轴平行X和Y轴，如图4-12所示。

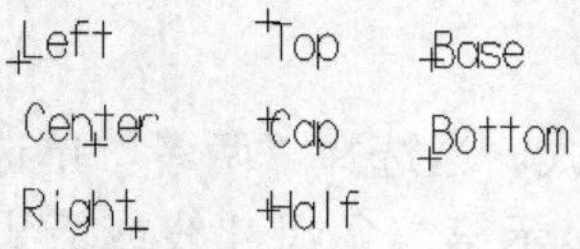

图 4-11　文字的指定点设置示例 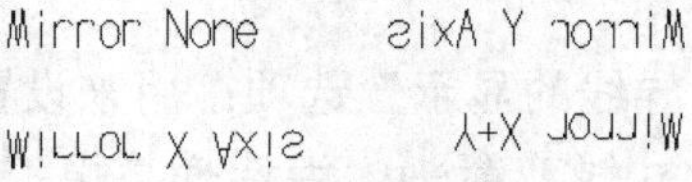　　　　　图 4-12　镜像文字的示例

4）"角度"、"倾斜"和"旋转"栏：分别用来设置整个注释文字的旋转角度、倾斜角度和文字的旋转角度，如图4-13所示。

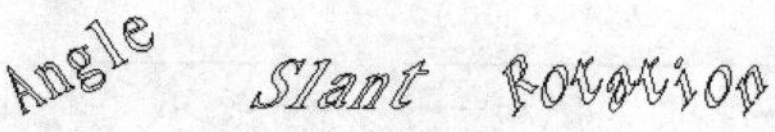

图 4-13　注释文字的旋转、倾斜设置示例

在选择了不同的选项后，在注释文字的示例框中会显示出注释文字效果及与基准点的相对位置。

4.1.4　设置引导线、尺寸界线和箭头

"引导线/延伸线"选项卡用来设置引导线、尺寸界线及箭头的格式，如图 4-14 所示。选项卡的各项含义如下。

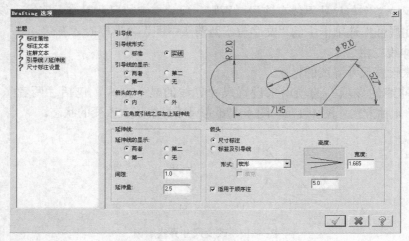

图 4-14　"引导线/延伸线"选项卡

1.“引导线”栏

该栏用来设置尺寸标注的尺寸线及箭头的格式。

1)“引导线形式”选项：用来设置尺寸线的样式。当选择“标准”单选按钮时，尺寸线由两段组成，如图 4-15a 所示；当选择“实线”单选按钮时，尺寸线由一段组成，如图 4-15b 所示。

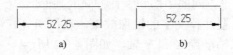

图 4-15　尺寸线的样式示例

2)“引导线的显示”选项：用来设置尺寸线的显示方式。当选择“两者”单选按钮时，显示两段尺寸线或箭头；当选择“第二”单选按钮时，显示第二条尺寸线或箭头；当选择“第一”单选按钮时，显示第一条尺寸线或箭头；当选择“无”单选按钮时，不显示尺寸线或箭头。图 4-16a～图 4-16d 为“引导线形式”选择“标准”时，“引导线的显示”不同选项的尺寸线显示结果；图 4-16e～图 4-16h 为“引导线形式”选择“实线”时，“引导线的显示”不同选项的尺寸线显示结果。

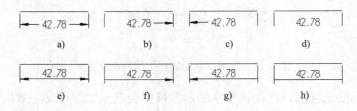

图 4-16　尺寸线的显示方式示例

3)“箭头的方向”选项：用来设置箭头的位置。当选择“内”单选按钮时，箭头的位置在尺寸界线之内，当选择“外”单选按钮时，箭头的位置在尺寸界线之外。

4)当“在角度引线之后加上延伸线”复选框被选中，且角度标注尺寸文字位于尺寸界线之外时，尺寸文字与尺寸界线有连线；否则，尺寸文字与尺寸界线无连线。该复选框仅在未选中“标注属性”选项卡中的“文字位于两箭头中间”复选框时才有效。

2.“延伸线”栏

该栏用来设置尺寸界线的格式。

1)“延伸线的显示”选项用来设置尺寸界线的显示方式，包括“两者”、“无”、“第一”、“第二”4 种方式。图 4-17a～图 4-17d 为尺寸界线依次改变的状态。

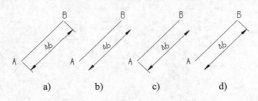

图 4-17　改变尺寸界线示例

2）"间隙"文本框用来设置尺寸界线距被标注对象的间隙。

3）"延伸量"文本框用来设置尺寸界线超出尺寸线的距离。

3. "箭头"栏

该栏用于设置尺寸标注和图形注释中的箭头样式和大小。当选择"尺寸标注"单选按钮时，进行尺寸标注中箭头样式和大小的设置；当选择"标签及尺寸线"单选按钮时，进行图形注释中箭头样式和大小的设置。

"形式"下拉列表框用来选择箭头的样式。如果箭头的外形是封闭的，可以选择"填充"复选框来设置是否对箭头进行填充。图 4-18 所示为一些常用的箭头样式。

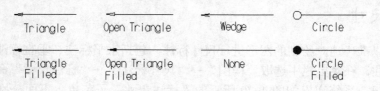

图 4-18　常用的箭头样式示例

"高度"和"宽度"文本框分别用来设置箭头的高度和宽度。

"适用于顺序注"复选框用于设置顺序标注时尺寸线是否带有箭头。

4.1.5　其他设置

"尺寸标注设置"选项卡用来设置尺寸标注中的其他参数，如图 4-19 所示。其各选项含义如下。

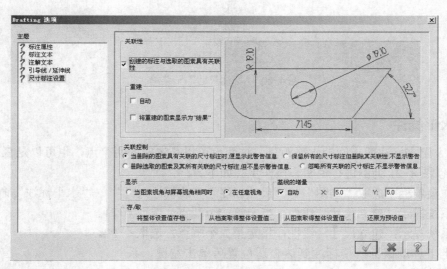

图 4-19　"尺寸标注设置"选项卡

1）"关联性"栏：用来设置尺寸标注的关联属性。

2）"显示"栏：用来设置尺寸标注的显示方式。

3）"基线的增量"栏：用来设置在基准标注时标注尺寸的位置。当选中"自动"复选框时，系统自动确定基准标注的位置，该栏的 X 和 Y 文本框中的数值，分别为基准标注的各尺寸线在 X 或 Y 方向的距离，输入的数值应大于尺寸文字高度 2mm；如果未选中该复选框，则手动确定基准标注的尺寸位置。

4）"存/取"栏：用来进行有关设置文件的操作。

"将整体设置值存档"按钮，可将当前的标注设置存储为一个文件。

"从档案取得整体设置值"按钮，可打开一个设置文件并将其设置为当前的标注设置。

"从图素取得整体设置值"按钮，可将选取的尺寸标注设置为当前的标注设置。

"还原为预设值"按钮，可使系统取消标注设置的所有改变，恢复系统的默认设置。

4.2 标注尺寸

该选项可以准确地对绘制的图形进行尺寸标注，包括水平标注、垂直标注以及角度、直径、半径等标注。在菜单栏中选取"构图"→"尺寸标注"→"标注尺寸"命令，或在工具栏中单击 按钮，系统弹出如图 4-20 所示的"标注尺寸"子菜单。下面分别介绍各命令的使用方法。

图 4-20 "标注尺寸"子菜单

4.2.1 水平标注

该命令用来标注两点间的水平距离。这两点可以是选取的两个点，也可以是直线的两端点。下面以图 4-21 为例进行说明。操作步骤如下。

1）在菜单栏中选取"构图"→"尺寸标注"→"标注尺寸"→"水平标注"命令。

2）系统提示：建立尺寸，线性：指定第一个端点。选取点 P1。

3）系统提示：建立尺寸，线性：指定第二个端点。选取点 P2。

4）上下移动鼠标，使标注到达合适位置后单击左键，系统完成水平标注。

5）系统继续提示：建立尺寸，线性：指定第一个端点。将光标移到直线 L1 附近，当直线呈高亮显示时，单击鼠标选取直线。

6）移动鼠标使标注到达合适位置，单击鼠标左键，系统完成直线的水平标注，如图 4-21 所示。

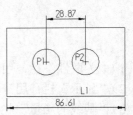

图 4-21 水平标注示例

7）标注完成后，按〈Esc〉键返回"标注尺寸"子菜单。

4.2.2　垂直标注

该命令用来标注两点间的垂直距离。下面以图 4-22 为例进行说明。操作步骤如下。

1）在菜单栏中选取"构图"→"尺寸标注"→"标注尺寸"→"垂直标注"命令。

2）选取点 P1。

3）选取点 P2。

4）左右移动鼠标使标注至合适位置，单击鼠标左键，系统完成两点的垂直标注，如图 4-22 所示。直线的垂直标注操作与水平标注操作基本相同。

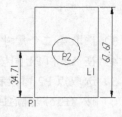

图 4-22　垂直标注示例

4.2.3　平行标注

该命令用于标注两点间的距离。下面以图 4-23 为例进行说明。操作步骤如下。

1）在菜单栏中选取"构图"→"尺寸标注"→"标注尺寸"→"平行标注"命令。

2）选取点 P1。

3）选取点 P2。

4）通过移动鼠标使标注至合适位置，单击鼠标左键，系统完成两点间的平行标注，如图 4-23 所示。直线的平行标注操作与水平标注操作基本相同。

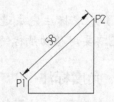

图 4-23　平行标注示例

4.2.4　基准标注

该命令以已有的线性标注（水平、垂直或平行标注）为基准对一系列点进行线性标注，标注的特点是各尺寸为并联形式。下面以图 4-24 为例进行说明。操作步骤如下。

1）在菜单栏中选取"构图"→"尺寸标注"→"标注尺寸"→"基准标注"命令。

2）选取已有的尺寸标注"26"。

3）选取第二个尺寸标注端点 P1，因为 P1 与 A1 的距离大于 P1 与 A2 的距离，点 A1 即作为尺寸标注的基准。系统自动完成 A1 与 P1 间的水平标注。

4）依次选取点 P2、P3 可绘制出相应的水平标注，如图 4-24 所示。

5）单击〈Esc〉键返回。

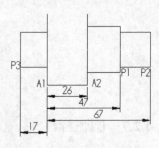

图 4-24　基准标注示例

4.2.5　串连标注

该命令也是以已有的线性标注为基准对一系列点进行线性标注，标注的特点是各尺寸表现为串连形式。下面以图 4-25 为例进行说明。操作步骤如下。

1）在菜单栏中选取"构图"→"尺寸标注"→"标注尺寸"→"串连标注"命令。

2）选取已有的尺寸标注"26"。

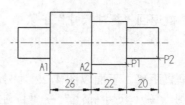

图 4-25　串连标注示例

3）选取第二个尺寸端点 P1。

4）在 A2 和 P1 间按水平标注方法，移动鼠标至合适位置单击左键，系统绘制出标注。

5）选取点 P2 可绘制出相应的串连水平标注。

6）按〈Esc〉键返回。

注意：

1）基准标注的基准点只有一个，即点 A1。

2）串连标注的基准点有两个，当向右侧标注时基准点为 A2；当向左侧标注时，基准点为 A1。

3）基准标注完成选取点后，系统可以自动确定标注位置；而串连标注在完成选取点后，还需要用移动鼠标的方式来确定标注位置。

4.2.6　角度标注

该命令用来标注两条不平行直线的夹角。下面以图 4-26 为例进行说明。操作步骤如下。

1）在菜单栏中选取"构图"→"尺寸标注"→"标注尺寸"→"角度标注"命令。

2）选取直线 L1。

3）选取直线 L2。

4）用鼠标拖动标注至合适位置后单击鼠标左键，完成角度标注，如图 4-26 所示。

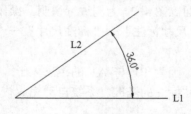

图 4-26　角度标注示例

4.2.7　圆弧标注

该命令用来对圆或圆弧进行标注。下面以图 4-27 为例进行说明。操作步骤如下。

1）在菜单栏中选取"构图"→"尺寸标注"→"标注尺寸"→"圆弧标注"命令。

2）选取圆或圆弧，此时可以选择直径标注或半径标注。在绘图区上方有一排提示命令，用户可对标注形

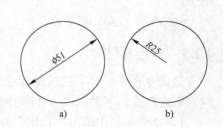

图 4-27　圆的标注示例

式、字体大小、标注精度等不同属性进行修改。

3）用鼠标拖动标注至合适位置后单击鼠标左键，完成圆的标注。

4）按〈Esc〉键返回。

4.2.8 法线标注

该命令用来标注两平行线间的距离或点到直线的垂直距离尺寸，下面以图 4-28 为例进行说明。操作步骤如下：

1）从菜单栏中选取"构图"→"尺寸标注"→"标注尺寸"→"法线标注"命令。

2）用鼠标选取基准直线，系统提示：选取平行线或点。

3）用鼠标选取平行线或点，如图 4-28a 和图 4-28b 所示。

4）用鼠标拖动标注至合适位置后单击鼠标左键，完成平行线的法线标注。

5）按〈Esc〉键返回。

图 4-28 圆的标注示例

a) 平行线距离标注 b) 点到直线距离标注

4.2.9 相切标注

该命令用来标注圆弧与点、直线或圆弧等分点间水平或垂直方向的距离。下面以图 4-29 为例进行说明。操作步骤如下。

1）在菜单栏中选取"构图"→"尺寸标注"→"标注尺寸"→"相切标注"命令。

2）选取直线 L1。

3）选取圆 A1。

4）用鼠标拖动标注至合适位置单击鼠标左键，完成相切标注"19"。

5）继续选取直线、圆弧或点，可完成如图 4-29 所示的相切标注"19"和"34"，标注完成后按〈Esc〉键返回。

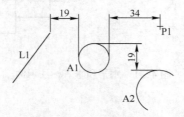

图 4-29 相切标注示例

圆弧上的端点为圆弧所在圆的 4 个等分点之一（水平相切标注为 0°或 180°四等分点，垂直相切标注为 90°或 270°四等分点）。相切标注在直线上的端点为直线的一个端点。对于点，选取点即为相切标注的一个端点。

4.2.10 顺序标注

该命令以选取的一个点为基准，标注一系列点与基准点的相对距离。

打开如图 4-30 所示的"顺序标注"子菜单。

图 4-30 "顺序标注"子菜单

1．水平坐标标注

该选项用于绘制各点与基准点在水平方向的距离。下面以图 4-31a 为例进行说明，操作步骤如下：

1）在菜单栏中选取"构图"→"尺寸标注"→"标注尺寸"→"顺序标注"→"水平"命令。

2）选取基准点：尺寸"0"箭头所指位置，移动该点的基准标注至合适位置，单击鼠标左键。

3）依次选取顺序标注，移动标注至合适位置后，单击鼠标左键确定。

4）完成标注后，单击〈Esc〉键返回。

2．垂直坐标标注

该选项用于绘制各点与基准点在垂直方向的距离，如图 4-31b 所示。操作步骤如下。

在菜单栏中选取"构图"→"尺寸标注"→"标注尺寸"→"顺序标注"→"垂直"命令后，其他操作与水平坐标标注的操作相同。

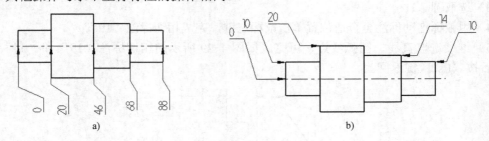

图 4-31 水平和垂直标注示例

3．平行坐标标注

该选项用于绘制各点到基准点在指定方向的距离。下面以图 4-32 为例进行说明，操作步骤如下。

1）在菜单栏中选取"构图"→"尺寸标注"→"标注尺寸"→"顺序标注"→"平行"命令。

2）选取基准点 P1。

3）选取定位点 P2，系统显示出可拖动基准标注，移动后单击左键确定该标注位置。

4）依次顺序选取标注点，单击左键确定。

5）完成标注后，按〈Esc〉键返回。

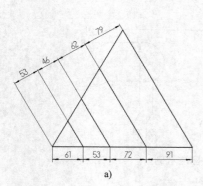
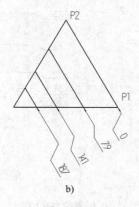

图 4-32　平行标注示例

a) 图形尺寸　b) 平行标注

4. 现有的

该选项通过选取一个现有的顺序标注，来继续进行顺序标注。标注的类型与基准不变。下面以图 4-33 为例进行说明，操作步骤如下。

1）在菜单栏中选取"构图"→"尺寸标注"→"标注尺寸"→"顺序标注"→"现有的"命令。

2）选取现有顺序标注的基准标注 P0，如图 4-33a 所示。

3）依次顺序选取标注点 P1、P2、P3 进行标注，如图 4-33b 所示。

4）完成标注后，按〈Esc〉键返回。

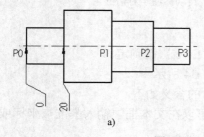
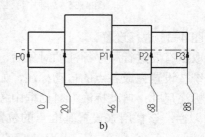

图 4-33　现有的标注示例

a) 现有顺序标注　b) 新增顺序标注

5. 自动标注

该选项可以自动地绘制出多点至基准点的水平和垂直顺序标注。下面以图 4-34 为例进行说明，操作步骤如下。

1）在菜单栏中选取"构图"→"尺寸标注"→"标注尺寸"→"顺序标注"→"自动标注"命令。

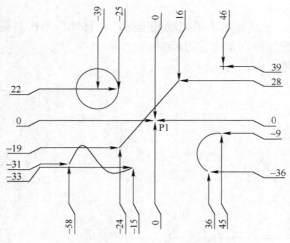

图 4-34　自动标注示例

2）系统打开"顺序标注尺寸：自动标注"对话框，如图 4-35 所示。单击"选择"按钮返回到绘图区，选取图 4-34 中的 P1 作为基准点，系统返回到"顺序标注尺寸：自动标注"对话框。

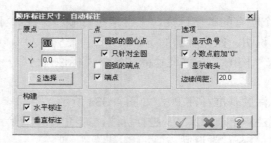

图 4-35　"顺序标注尺寸：自动标注"对话框

3）按图 4-35 进行设置。

4）选取所有要进行顺序标注的对象后，按〈Enter〉键确定。

5）系统按设置完成各点的自动标注，如图 4-34 所示。

"顺序标注尺寸：自动标注"对话框中各选项的含义如下。

"原点"栏：该栏用来设置基准点的位置。可以在文本框中输入基准点坐标或用鼠标选取基准点。

"点"栏：该栏用来设置顺序标注点的类型，4 个复选框的含义如下。

● "圆弧的圆心点"复选框：顺序标注点，包括选取的圆弧的圆心点。

● "只针对全圆"复选框：顺序标注点，仅包括圆的圆心点。

● "圆弧的端点"复选框：顺序标注点，包括圆弧的端点。

● "端点"复选框：顺序标注点，包括被选取的直线和样条曲线的端点。

"选项"栏：该栏用来设置顺序标注的格式。各选项的含义如下。

● "显示负号"复选框：顺序标注点在基准点左下方时，标注的尺寸前有"–"号。

● "小数点前加0"复选框：顺序标注的尺寸小于1时，在小数点前加0。

● "显示箭头"复选框：顺序标注的尺寸线带有箭头。

● "边缘间距"文本框：用于输入尺寸线的长度。

"构建"栏：该栏用于标注被选取点的坐标。

6. 牵引排列

该选项通过选取一个现有的顺序标注，来拖动调整顺序标注的位置。标注的类型与基准不变。下面以图4-36为例进行说明，操作步骤如下。

1）在菜单栏中选取"构图"→"尺寸标注"→"标注尺寸"→"顺序标注"→"牵引排列"命令。

2）单击选取现有顺序标注的基准标注P0。

3）通过鼠标调整标注的位置，单击左键确定。

4）完成标注后，按〈Esc〉键返回。

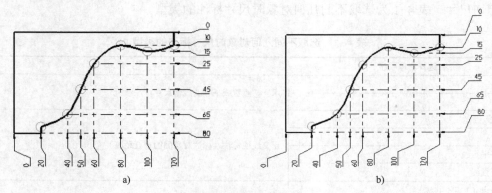

图4-36 牵引排列标注示例

a) 现有顺序标注 b) 牵引排列后顺序标注

4.2.11 点位标注

该命令用于标注被选取点的坐标。操作步骤如下。

1）在菜单栏中选取"构图"→"尺寸标注"→"标注尺寸"→"顺序标注"→"点位标注"命令。

2）选取一个点，系统显示该点坐标。

3）用鼠标拖动坐标至合适位置，单击鼠标左键确定。

4）完成点标注。图4-37为不同形式的点标注。

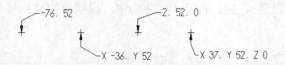

图4-37 不同形式的点标注

4.3 快捷尺寸标注与编辑

快捷尺寸标注是 Mastercam X 在尺寸标注功能中新增的一项功能，可以使用快捷方式进行尺寸标注和编辑尺寸标注。

4.3.1 快捷尺寸标注

快捷方式可以进行除基准标注、串连标注和顺序标注外的所有尺寸标注。操作步骤如下。

1）在菜单栏中选取"构图"→"尺寸标注"→"快速标注"命令。

2）选取点、直线或圆弧，被选对象高亮显示。

3）用鼠标将标注移动至合适位置，单击左键即完成标注。

在进行快捷方式尺寸标注时，选取的几何对象不同，尺寸标注类型也随之变化。例如，选取直线时，标注为线性尺寸；选取圆或圆弧时，标注为直径或半径；选取直线和圆时，标注为相切尺寸。表 4-1 为选取不同几何对象时尺寸标注的类型。

表 4-1 选取不同几何对象时尺寸标注的类型

选择对象顺序	标 注 类 型
点-点	水平、垂直或平行的线性尺寸标注
直线	
点-直线	正交线性标注（标注对象间的垂直距离）
直线-点	
点-点-平行线	
两条平行线	
点-点-点（3 点不共线）	角度尺寸标注
点-点-不平行直线	
两条非平行线	
一个圆或一条圆弧	圆尺寸标注（半径或直径）
点-圆弧（圆弧-点）	相切尺寸标注
直线-圆弧（圆弧-直线）	
圆弧-圆弧	
点	点标注

4.3.2 快捷尺寸标注编辑

在快捷尺寸标注时，系统显示"快捷标注"工具栏，如图 4-38 所示。在该工具栏中，自左而右分别为线性标注、圆标注和角度标注时所显示的工具栏，选择不同的选项可以改变尺寸标注的属性。下面以图 4-39a 的尺寸标注为例，说明"快捷标注"工具栏中主要选项的功能。

图 4-38 "快捷标注"工具栏

1．"箭头位置"选项 ↔

该选项用来改变尺寸标注的箭头位置。选择该选项后，尺寸界线之内的箭头将移至尺寸界线之外；再次选择，箭头将移至尺寸界线之内，如图4-39b所示。

2．"显示方块"选项 ▣

该选项用一个临时的方框来代替尺寸标注文字，从而增加移动尺寸的速度，当尺寸标注的位置确定后将恢复实际的尺寸标注文字，如图4-39c所示。

3．"文字对中"选项 ▣

该选项用来控制标注尺寸文字的对中位置。默认状态是尺寸标注文字居于尺寸线中部，按〈C〉键后，则尺寸文字随光标移动，可在合适位置处单击鼠标左键确定位置；再次按〈C〉键，尺寸文字返回尺寸线中部，如图4-39d所示。

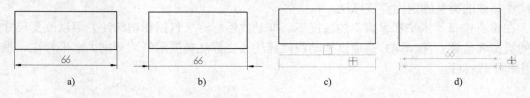

图4-39 箭头位置、显示方块、文字位置编辑示例

4．"直径"和"半径"选项 ◎◎

该选项用来改变直径或半径的标注形式。对于圆标注，按〈D〉键后，尺寸标注转换为直径标注；按〈R〉键后，尺寸标注转换为半径标注。

对于线性标注，输入〈D〉或〈R〉后，则分别在尺寸文字前增加或取消直径"ϕ"和半径"R"标记，如图4-40所示。

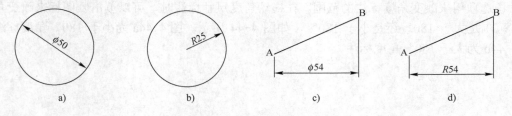

图4-40 直径和半径标注示例

5．"字型"选项 🅰

当拖动一个尺寸标注、注释或选项卡时，单击🅰图标后，打开图4-41所示的"编辑字体"对话框，在下拉列表框中选择不同字体可以改变尺寸标注、注释或选项卡文字的字体。右框为选择字体的示例。

6．"高度"选项 ▣

该选项用来改变尺寸标注文字的高度。打开图4-42所示的"高度"对话框，可以在文本框中输入新的文字高度，按 ✓ 按钮确定。当选中"自动调整箭头及公差的高度"复选框时，则同时改变箭头和公差的高度。

7．"锁定"选项 🔒

当"锁定"选项 🔒 按钮没有按下时，可以通过拖动标注来改变线性、角度和圆标注的类型。当"锁定"选项 🔒 按钮按下时，仅能改变标注的位置。

图 4-41 "编辑字体"对话框

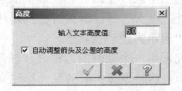

图 4-42 "高度"对话框

8. "水平"和"垂直"选项 ⊟ 〖

选择"水平"选项时，可将线性标注的类型固定为水平标注；选择"垂直"选项时，可将线性标注的类型固定为垂直标注。

在没有选择"水平和垂直"的情况下，拖动线性标注（包括相切标注）可以改变尺寸标注的类型和位置。图 4-43 是通过拖动线性标注改变标注类型示例，分别为水平标注、垂直标注和平行标注。

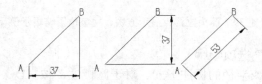

图 4-43 拖动线性标注改变位置和类型示例

9. "角度"选项 📐

该选项用来改变角度标注的范围。在拖动角度尺寸标注时，可以单击 📐 图标来改变角度尺寸范围是大于 180° 还是小于 180°，如图 4-44 所示。图 4-44a 为小于 180° 角度标注，图 4-44b 为大于 180° 角度标注。

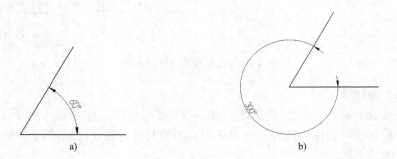

图 4-44 改变角度取值范围示例

10. "数量"选项

在拖动尺寸标注时，选中该选项，并在提示区输入新的数值后，按回车键，即可改变当前数值的小数位数。如图 4-45 所示，图 4-45a 中小数位数设置为"2"，图 4-45b 中小数位数设置为"1"。

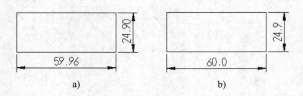

图 4-45 改变小数位数示例

11."定位"选项

该选项用于尺寸标注的定位角度（-90°～90°）。将图 4-46a 所示有标注的两条边使用"定位"选项后，输入角度分别为 15°和-75°的结果，如图 4-46b 所示。

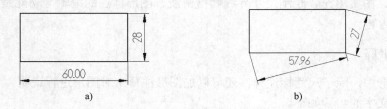

图 4-46 改变尺寸标注的定位角度示例

12."文本"选项

该选项用于重新编辑尺寸文字。当拖动一个尺寸时，单击 图标，系统打开如图 4-47 所示的"编辑尺寸标注的文字"对话框来重新编辑尺寸文字。

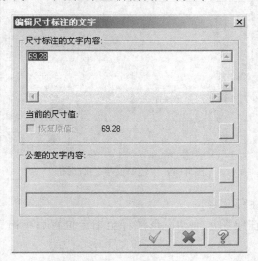

图 4-47 "编辑尺寸标注的文字"对话框

13."尺寸界线"选项

该选项用来改变尺寸界线的显示状态。在默认状态下，尺寸界线为两条，如图 4-48a 所示。按〈W〉键，可以改变尺寸界线的显示状态，其显示状态按"无"、"第一条"、"第二条"、"两条"循环变化。图 4-48b～图 4-48d 为尺寸界线依次改变的状态。

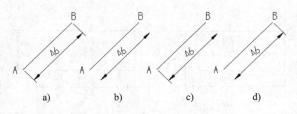

图 4-48   改变尺寸界线示例

4.4   其他标注功能

图形注释、图案填充、绘制尺寸界线和指引线、图形标注的编辑等功能是标注的常用功能，详见以下内容。

4.4.1   图形注释

在几何图形中，除了尺寸标注外，还可以加图形注释来对图形进行说明。

输入注释文字的步骤如下。

1）在菜单栏中选取"构图"→"尺寸标注"→"注解文字"命令。

2）系统打开如图 4-49 所示的"注解文字"对话框，从中选择图形注释的类型，并设置相应的参数。

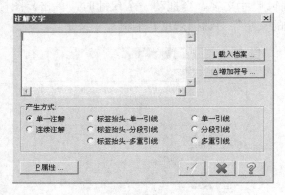

图 4-49   "注解文字"对话框

3）在文本框中输入注释文字。

4）单击 ☑ 按钮，在绘图区拖动图形注释至指定位置后单击鼠标左键，即可按设置的类型绘制图形注释。

1．输入注释文字的方法

在"注解文字"对话框中，有 3 种输入注释文字的方法。

1）直接输入：将鼠标移至"注解文字"文本框中，直接输入注释文字。

2）导入文字：单击"载入档案"按钮，选取一个文字文件后，单击"打开"按钮，即可将该文字文件中的文字导入到"注解文字"文本框中。

3）添加符号：单击"增加符号"按钮，打开"选取符号"对话框，如图 4-50 所示。用鼠标选择需要的符号，即可将该符号添加到"注解文字"文本框中。

图 4-50　"选取符号"对话框

2．设置图形注释

在图 4-49 所示的"注解文字"对话框中，给出了 8 种图形注释的类型。

1）单一注解：仅可一次注释文字。输入注释文字后，单击 ✓ 按钮，退出"注解文字"对话框。在绘图区选取注释文字的位置，系统在选取位置绘制出注释文字并退出注解状态。

2）连续注解：可以连续注释文字。输入注释文字后，单击 ✓ 按钮，退出"注解文字"对话框。在绘图区选取注释文字的位置，系统在选取位置绘制出注释文字并继续提示选取注释文字位置，可以多次选取位置绘制出多个相同的注释文字。按〈Esc〉键退出注解状态。

3）标签抬头单一引线：可以绘制带单根引线的注释文字。输入注释文字后单击 ✓ 按钮，退出"注解文字"对话框。首先选取引线箭头的位置，接着选取注释文字的位置，系统即可完成图形注释并退出注解状态。

4）标签抬头分段引线：可以绘制带折线引线的注释文字。输入注释文字后单击 ✓ 按钮，退出"注解文字"对话框。首先选取引线箭头的位置，接着选取多个点来定义引线，按〈Esc〉键后，选取注释文字位置，系统即可绘制出图形注释并退出注解状态。

5）标签抬头多重引线：绘制带多根引线的注释文字。输入注释文字后，单击 ✓ 按钮，退出"注解文字"对话框。首先选取各引线箭头的位置，按〈Esc〉键后选取注释文字的位置，系统即完成图形注释并退出注解状态。

6）单一引线：只可以绘制引线。单击 ✓ 按钮，退出"注解文字"对话框，首先选取引线箭头的位置，接着选取引线尾线端点的位置，系统绘制出单根引线。

7）分段引线：只可以绘制折线。使用方法与"标签抬头分段引线"选项相似，只是不需要输入注释文字和选取文字位置。

8）多重引线：只可以绘制多根引线。使用方法与"标签抬头多重引线"选项相似，只是不需要输入注释文字和选取文字位置。

图 4-51 给出了不同类型的图形注释示例。

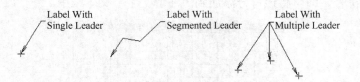

图 4-51 单线、折线、多线注释的示例

4.4.2 图案填充

图案填充是指在选择的封闭区域内绘制指定图案、间距及旋转角的阴影线图案。操作步骤如下。

1）在菜单栏中选取"构图"→"尺寸标注"→"剖面线"命令，显示如图 4-52 所示"剖面线"对话框。如果打开"自定义剖面线图样"对话框，用户可以编辑自定义填充图案，如图 4-53 所示。

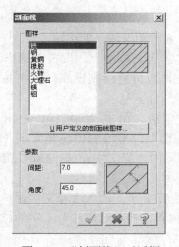

图 4-52 "剖面线"对话框

图 4-53 "自定义剖面线图样"对话框

2）设置填充对话框。图样中材质选取"铁"，间距选择 1～3，旋转角选取 45°或 135°。

3）选取要进行填充的封闭边界（可以选取多个封闭边界）后，选取起始点。

4）单击 ✓ 按钮，系统完成图案填充。图 4-54 所示为填充示例。

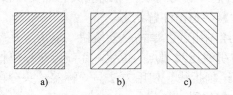

图 4-54 设置不同的填充示例

如果填充边界没有封闭，系统弹出"警告"对话框。单击 ✓ 按钮，可以重新选择边界。

4.4.3 绘制尺寸界线和指引线

"尺寸标注"子菜单中的"延伸线"命令用来绘制尺寸界线，该命令的使用方法与"直线"子菜单中的"绘制任意线"命令相同（见第 2 章）。但"延伸线"命令绘制的是尺寸界线而不是直线。

"尺寸标注"子菜单中的"引导线"命令用来绘制引线，其功能和使用方法与在"注解文字"对话框中选择只绘制"分段引线"单选按钮相同（见 4.4.1 节）。

4.4.4 图形标注的编辑

对图形标注的编辑有两种方法，一种是使用"快捷尺寸标注"的编辑功能对选中标注项目进行编辑（见 4.3 节）；另一种是使用"多重编辑"命令进行标注的编辑。第二种编辑方法的操作步骤如下。

在菜单栏中选取"构图"→"尺寸标注"→"多重编辑"命令，选择需要修改的标注，按〈Enter〉键，系统打开图 4-2 所示的"Drafting 选项"对话框，根据需要进行相关参数的修改，单击▣▣按钮，完成编辑操作。标注参数的修改只针对已选择的标注，不会影响其他标注，后续进行的标注参数仍按原来设置的参数设置。

4.5 习题与练习

1. 绘制图 4-55 所示几何图形并标注尺寸。

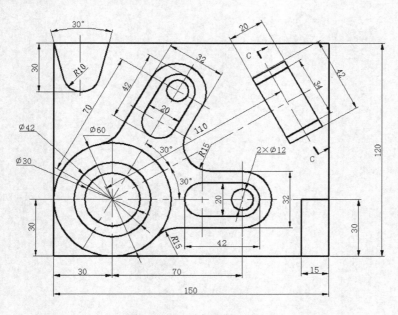

图 4-55 尺寸标注练习（一）

2. 绘制图 4-56 所示几何图形并标注尺寸。

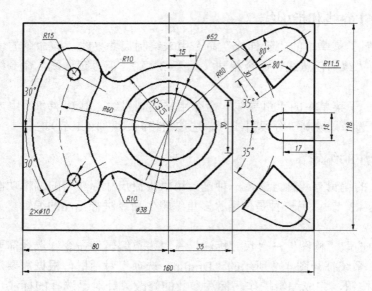

图 4-56　尺寸标注练习（二）

第5章 曲面造型与空间曲线

曲面造型是设计三维模型的基本方法之一。本章主要介绍线架模型、三维曲面和空间曲线的构建方法。

5.1 三维造型概述

Mastercam X 中的三维造型可以分为线架造型、曲面造型以及实体造型 3 种，这 3 种造型生成的模型从不同角度来描述一个物体。它们各有侧重，各具特色。图 5-1 显示了同一种物体的 3 种不同模型。其中，图 5-1a 为线架模型，图 5-1b 为曲面模型，图 5-1c 为实体模型，图 5-1d 为着色显示效果，曲面模型与实体模型的着色显示效果是一样的。

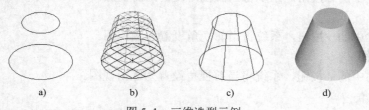

图 5-1 三维造型示例

a) 线架模型 b) 曲面模型 c) 实体模型 d) 着色显示效果

线架模型用来描述三维对象的轮廓及断面特征，它主要由点、直线、曲线等组成，不具有面和体的特征，但线架模型是曲面造型的基础。

曲面模型用来描述曲面的形状，一般是将线架模型经过进一步处理得到的。曲面模型不仅可以显示出曲面的轮廓，而且可以显示出曲面的真实形状。各种曲面是由许许多多的曲面片组成的，而这些曲面片又通过多边形网络来定义。

实体模型具有体的特征，它由一系列表面包围，这些表面可以是普通的平面也可以是复杂的曲面。实体模型中除包含二维图形数据外，还包括相当多的工程数据，如体积、边界面和边等。

5.2 设置视角、构图面及构图深度

进行三维造型时，需要对 Gview（屏幕视角）、Cplane（构图面）及构图深度"Z"进行设置后，才能准确地观察和绘制三维图形，这 3 个选项均可在工具栏或状态栏中进行调用。

5.2.1 设置视角

视角就是观察几何图形的角度。通过设置不同的视角来观察所绘制的几何图形，随时查

看构图效果，以便及时进行修改和调整。视角设置与构图面设置基本相同，区别在于它只决定观察的角度，而不决定图形绘制所在平面位置。

在工具栏中有 7 个常用的视角按钮，如图 5-2 所示。

图 5-2　视角按钮

1．自动旋转

按〈End〉键，构图区中的几何图形和三维坐标轴将自动转动，直至按下任意键后，转动停止，系统将此时的视角设置为当前视角。

2．俯视图

单击工具栏中的⬡按钮，系统将当前视角设置为俯视图。

3．前视图

单击工具栏中的⬡按钮，系统将当前视角设置为前视图。

4．侧视图

单击工具栏中的⬡按钮，系统将当前视角设置为侧视图。

5．等角视图

单击工具栏中的⬡按钮，系统将当前视角设置为等角视图。

6．动态视角

单击工具栏中的✎按钮，可以通过选定构图区一点来动态旋转观察几何图形，动态改变当前视角。

7．返回前一视角

单击工具栏中的✎按钮，系统返回前一视角。

8．选择命名视图

单击工具栏中的✎按钮，系统弹出如图 5-3 所示的"视角选择"对话框，可进行视角的选择。

图 5-3　"视角选择"对话框

视角设置也可以在状态栏通过单击"屏幕视角"来选择其他的视角观察模式，如图 5-4 所示。

图 5-4　视角设置

5.2.2　设置构图面

构图面是绘制各类图形的二维平面，可以定义在三维空间任何处。系统给出了 7 种最常使用的构图面图标，如图 5-5 所示。

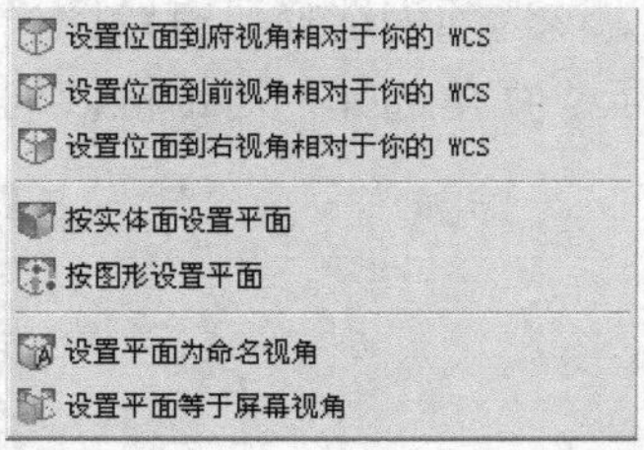

1．俯（顶）视构图平面

在工具栏中单击 按钮，可以将构图面设置为俯视平面图。这时选取点，仅能确定该点的 X、Y 坐标值，Z 坐标为设置后的构图深度值。

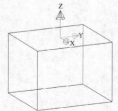

图 5-5　构图面设置

2．前视构图平面

在工具栏中单击 按钮，可以将构图面设置为前视平面图。这时选取点，仅能确定该点的 X、Z 坐标值，Y 坐标为设置后的构图深度值。

3．右（侧）视构图平面

在工具栏中单击 按钮，可以将构图面设置为右视平面图。这时选取点，仅能确定该点的 Y、Z 坐标值，X 坐标为设置后的构图深度值。

4．按实体面确定构图面

在工具栏中单击 按钮，可以通过构图区已存在的实体面设置构图面。建立一个新的构图坐标系，如图 5-6 所示。单击 按钮后单击实体上表面，显示一坐标系，同时弹出"选择查看"对话框（见图 5-7），单击 ◀ 或 ▶ 按钮选择所需要的视角，选择后单击 按钮确定，弹出如图 5-8 所示的"新建视角"对话框，用户可以对新的坐标系进行命名、设置起始点、设为当前绘图坐标系等操作，单击 按钮后即可建立新的坐标系。

图 5-6　构图平面选择

图 5-7 "选择查看"对话框

图 5-8 "新建视角"对话框

5．按图形设置平面

在工具栏中单击 按钮，可以通过构图区已存在几何对象来建立新构图坐标系。可选择构图区内的某一平面几何图形来定义构图面，也可以选取两条直线或 3 个点来定义构图面，如图 5-9 所示。

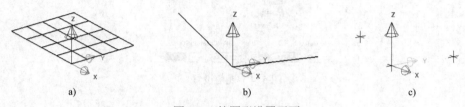

图 5-9　按图形设置平面

a) 平面曲面定面　b) 两直线定面　c) 3 点定面

6．设置平面为命名视角

该选项为选择已有绘图平面为当前构图面，在工具栏中单击 按钮，系统弹出如图 5-10 所示"视角选择"对话框，列表中为已命名视角，被选择的视角将成为当前构图面。

图 5-10　"视角选择"对话框

7．设置平面等于屏幕视角

在工具栏中单击 按钮，可使构图面与当前的屏幕视角相同。

8. 法线定面

如图 5-11 所示，在状态栏单击"构图面"选项，选择法线面来设置构图面。如图 5-12 所示，选择底面对角线，建立与其垂直的构图面，这条对角线即为新坐标系的 Z 轴。

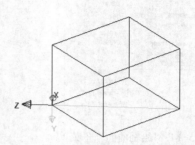

图 5-11　构图面设置　　　　　　　图 5-12　建立底面对角线的法线面

5.2.3　设置构图深度

三维绘图与二维绘图的不同之处在于增加了"深度"的概念。二维绘图一般是基于 XY、YZ、XZ 平面的，而三维绘图增加了第三轴，在 Mastercam 中第三轴用"Z"来表示。

同一个构图面由于构图深度不同，所绘制的几何图形所处的深度位置也不同。系统默认的构图深度为"0.0"。

构图面深度可以在状态栏中进行设置，如图 5-13 所示。可以在输入栏中输入，或者单击 Z 后从绘图窗口内捕捉一点进行设置。

图 5-13　构图深度设置

5.3　曲面的基本概念

曲面广泛地应用于工程对象中，如轮船、飞机、汽车的外形设计，铸造使用的模具、叶片的外形等。所谓曲面，是指以数学方程式来表达物体的形状。通常一个曲面包含有许多横截面（Sections）和缀面（Patches），将两者熔接在一起而形成一个完整的曲面。由于计算机运算能力的提高，以及新曲面模型技术的开发，现已能精确地完整描述复杂工件的外形。另外，也可以在较复杂的工件外形上看出多个曲面是相互结合而构成的，此种曲面模型被称为"复合曲面"。常用曲面可以用昆氏曲面、Bezier 曲面、B-Spline 曲面、NURBS 曲面等计算方法得到。

在菜单栏中选取"构图"→"绘制曲面"命令,可以打开如图5-14所示的"绘制曲面"子菜单,也可以通过工具栏中快捷方式来进行选择,如图5-15所示。

图5-14 "绘制曲面"子菜单   图5-15 曲面绘制工具栏

曲面可以分为以下3类。

1.基本几何图形曲面

固定几何形状,如球面、圆锥面、圆柱面等,以及牵引曲面、旋转曲面等都属于几何图形曲面。几何图形曲面由直线、圆弧、平滑曲线等图素组成。

2.自由成形曲面

自由成形曲面并不是特定形状的几何图形,通常是根据直线和曲线来决定其形状的,这些曲面需要更复杂而且难度更高的曲面技术,如昆氏曲面、Bezier 曲面、B-Spline 曲面及NURBS曲面等。

3.编辑曲面

编辑曲面是对已有的曲面进行编辑而得到的另一种曲面,常见的编辑曲面有4种。

● 曲面偏移:以某一曲面为基准,按指定的距离,垂直于曲面而平行偏移产生另一曲面。
● 修剪曲面:以被指定边界的曲面来修剪另一曲面而得到的新曲面。
● 曲面倒角:在两曲面间绘制相切的倒圆角曲面。
● 曲面接合:熔接两曲面而形成一个与其相切的曲面。

5.4 构建基本几何曲面

在 Mastercam X 中有 5 种常用曲面(实体)的快捷构建,其中有圆柱体、圆锥体、立方体、球体和圆环体。在菜单栏中选取"构图"→"基本曲面"命令,或在工具栏单击 图标,系统弹出"基本曲面"子菜单,如图5-16所示。下面分别介绍这5种基本曲面的构建方法。

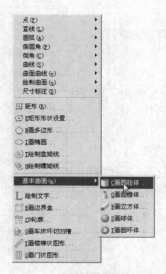

图 5-16 "基本曲面"子菜单

5.4.1 构建圆柱曲面

下面以图 5-17 为例进行说明。操作步骤如下。

1）在菜单栏中选取"构图"→"基本曲面"→"画圆柱体"命令，系统弹出"圆柱体选项"对话框，如图 5-18 所示。

2）选择"高度"选项，输入圆柱体高度"60"后，按〈Enter〉键。

3）选择"半径"选项，输入圆柱体半径"20"后，按〈Enter〉键。

4）在轴的定位栏中，选择 X 单选按钮。

轴的定位栏用来确定圆柱体轴线方向。各选项含义如下。

● X——圆柱体轴线方向为 x 轴方向。

● Y——圆柱体轴线方向为 y 轴方向。

● Z——圆柱体轴线方向为 z 轴方向。

5）选取原点 P(0,0)为基点，绘制圆柱体曲面如图 5-17 所示，单击 ⊕ 按钮应用。

a)   b)

图 5-17 圆柱体曲面绘制示例

a) 线架显示　b) 着色显示

6）重复步骤 2）～5）可以继续绘制圆柱体曲面。

7）按〈Esc〉键退出"圆柱体选项"对话框。

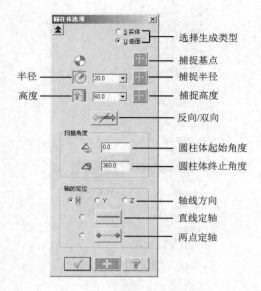

图 5-18 "圆柱体选项"对话框

右侧标注（从上到下）：选择生成类型、捕捉基点、捕捉半径、捕捉高度、反向/双向、圆柱体起始角度、圆柱体终止角度、轴线方向、直线定轴、两点定轴

左侧标注：半径、高度

在上例中将"圆柱体起始角度"设为 210°，"圆柱体终止角度"设为 360°，如图 5-19 所示。绘制出角度圆柱体曲面，如图 5-20 所示。将 A1 面及前后端面删除后剩余曲面如图 5-21 所示。由此可见，圆柱体曲面由多个面包围而成，内部是空的。

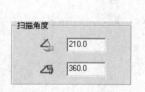

图 5-19 扫描角度设置

图 5-20 角度圆柱体曲面示例

图 5-21 剩余曲面

5.4.2 构建圆锥曲面

下面以图 5-22 为例进行说明，操作步骤如下。

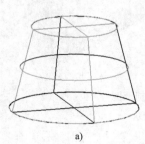

a)

b)

图 5-22 圆锥体曲面绘制示例

a) 线架显示 b) 着色显示

1）在菜单栏中选取"构图"→"基本曲面"→"画圆锥体"命令，系统弹出"圆锥体选项"对话框，如图 5-23 所示。

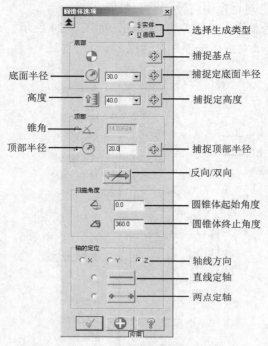

图 5-23 "圆锥体选项"对话框

2）输入圆锥高度"40"，按〈Enter〉键。

3）输入圆锥底面半径"30"，按〈Enter〉键。

4）输入圆锥顶部半径"20"，按〈Enter〉键。

5）选取原点 P(0,0)为基点，绘制圆锥体曲面如图 5-22 所示。

6）按〈Esc〉键退出"圆锥体选项"对话框。

5.4.3 构建立方体曲面

下面以图 5-24 为例进行说明。操作步骤如下。

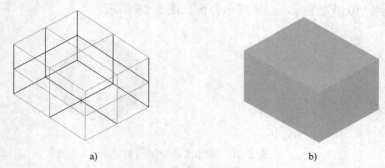

a)   b)

图 5-24 立方体曲面绘制示例

a) 线架显示   b) 着色显示

1）在菜单栏中选取"构图"→"基本曲面"→"画立方体"命令，系统弹出"立方体选项"对话框，如图 5-25 所示。

2）在"立方体选项"对话框中，输入对应数值。

3）选取原点 P(0,0)为基点，绘制立方体曲面，如图 5-24 所示。

4）按〈Esc〉键退出"立方体选项"对话框。

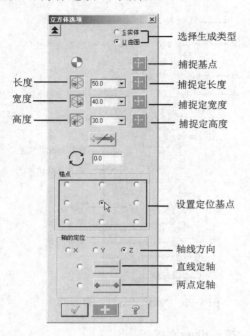

图 5-25 "立方体选项"对话框

5.4.4 构建球体曲面

下面以图 5-26 为例进行说明。操作步骤如下。

1）在菜单栏中选取"构图"→"基本曲面"→"画球体"命令，系统弹出"球体选项"对话框，如图 5-27 所示。

2）在"球体选项"对话框中，输入对应值。

3）选取原点 P(0,0)为基点，绘制球体曲面如图 5-26 所示。

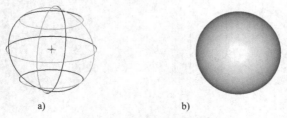

a)   b)

图 5-26　球体曲面绘制示例

a) 线架显示　b) 着色显示

4）按〈Esc〉键退出"球体选项"对话框。

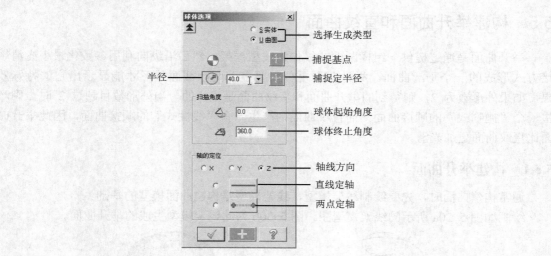

图 5-27 "球体选项"对话框

5.4.5 构建圆环曲面

下面以图 5-28 为例进行说明。操作步骤如下：

1）在菜单栏中选取"构图"→"基本曲面"→"画圆环体"命令，系统弹出"圆环体选项"对话框，如图 5-29 所示。

2）在"圆环体选项"对话框中，输入对应数值，选择"直线定轴"方式。

3）选取直线，捕捉直线下端点为基点，系统完成构建圆环曲面，如图 5-28 所示。

4）按〈Esc〉键退出"圆环体选项"对话框。

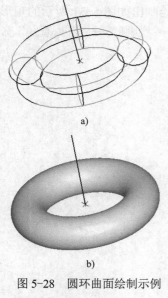

图 5-28 圆环曲面绘制示例

a) 线架显示 b) 着色显示

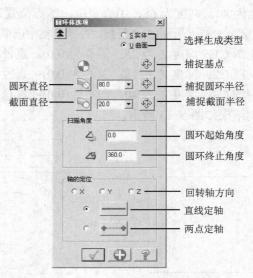

图 5-29 "圆环体选项"对话框

5.5　构建举升曲面和直纹曲面

举升曲面是通过提供一组横断面曲线作为线型框架，然后沿纵向利用参数化最小光滑熔接方式形成的一个平滑曲面。举升曲面至少需要多于两个截面外形才能显示出它的特殊效果，如果外形数为 2，则得到的举升曲面和直纹曲面是一样的。当外形数目超过 2 时，则产生一个"抛物式"的顺接曲面，而直纹曲面则产生一个"线性式"的顺接曲面，因此举升曲面比直纹曲面更加光滑。

5.5.1　构建举升曲面

通常构建曲面时，先要绘制线架模型，线架模型是构建曲面模型的基础。

绘制如图 5-30a 所示的线架模型图。图 5-30b 为此线架模型生成的举升曲面。

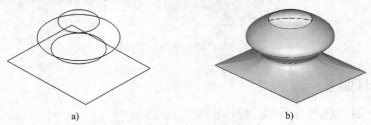

图 5-30　线架模型与着色显示

a) 线架模型　b) 着色显示

1）绘制如图 5-31 所示的矩形。绘图环境设置：视角为俯视图，构面图为俯视图，构图深度 Z 为 0。

2）在菜单栏中选取"构图"→"矩形"命令或在工具栏中单击 图标。矩形参数设置：宽度为 80，高度为 66，中心定位，基点位置为(0,0)，绘制出如图 5-31 所示的矩形。

3）绘制 5-32 所示的 3 个整圆。在菜单栏中选取"构图"→"圆弧"→"圆心直径"命令。

绘制圆 C1：深度 Z 为 25；圆心为(0,0)；直径为 60。

绘制圆 C2：深度 Z 为 15；圆心为(0,0)；直径为 40。

绘制圆 C3：深度 Z 为 40；圆心为(0,0)；直径为 30。

绘制结果如图 5-33 所示。

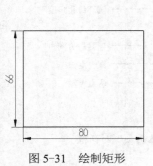

图 5-31　绘制矩形

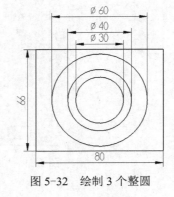

图 5-32　绘制 3 个整圆

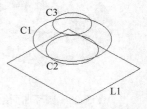

图 5-33　线架模型

4）在菜单栏中选取"编辑"→"修剪"→"打成若干段"命令或在工具栏中单击✎·图标，选取直线 L1 打断为两段，如图 5-34a 所示。按〈Esc〉键退出"打断"命令。

5）在菜单栏中选取"构图"→"绘制曲面"→"举升曲面"，系统弹出"串连选项"对话框，如图 5-35 所示。

6）依次串连矩形和 3 个整圆，串连顺序为 P1～P4，如图 5-34a 所示。注意：串连的起点应在图形几何中线的同一侧，如图 5-34b 所示。

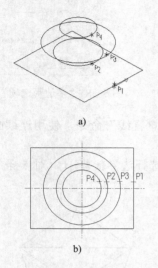

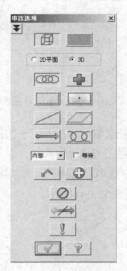

图 5-34 串连操作　　　　　　　　　　图 5-35 "串连选项"对话框

7）按〈Enter〉键完成操作，结果如图 5-36 所示。

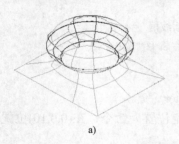

图 5-36 举升曲面绘制示例

a) 线架显示　b) 着色显示

5.5.2 构建直纹曲面

直纹曲面与举升曲面是同一命令，直纹面绘制的是平面曲面。

用直纹曲面功能完成如图 5-37 所示五角星的曲面造型，已知五角星外接圆直径为 100mm，中点高为 10mm。

1）在菜单栏中选取"构图"→"画多边形"命令，打开如图 5-38 所示的"多边形选项"对话框，在 ▦（边数）文本框中输入"5"，在 ⊘（直径）文本框中输入"50"，并选择"内接"单选按钮。单击工具栏中的 人·图标捕捉原点（0,0），单击 ✔ 按钮，结果如图 5-39a 所示。

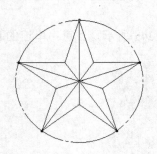

图 5-37　五角星曲面　　　　　　　　　　　图 5-38　"多边形选项"对话框

2）在菜单栏中选取"构图"→"直线"→"绘制任意直线"命令，使用连续画线方式将对应点连接，如图 5-39b 所示。

3）在菜单栏中选取"编辑"→"修剪/打断"命令，选择边界裁剪，对 5 条线段中间部分裁剪，结果如图 5-39c 所示。

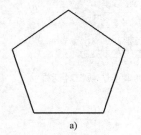
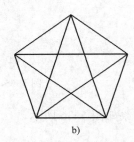
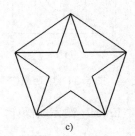

a)　　　　　　　　　　　b)　　　　　　　　　　　c)

图 5-39　绘制平面线框

a) 绘制 5 边形　b) 角点连线　c) 修剪连线

4）删除五边形的 5 条边。

5）在状态栏的 Z 文本框中输入"10"，按〈Enter〉键。

6）在菜单栏中选取"构图"→"点"→"指定位置"命令，在(0,0,10)位置绘制一点，结果如图 5-40a 所示。

7）单击状态栏中的"2D/3D"按钮，使其显示为"3D"。

8）在菜单栏中选取"构图"→"直线"→"绘制任意直线"命令，使用两点画线方式将中心点分别与 10 个角点连接，结果如图 5-40b 所示。

9）在菜单栏中选取"构图"→"绘制曲面"→"直纹/举升"命令，系统弹出"串连选项"对话框，单击"单体"按钮，系统提示"定义外形 1"，单击图 5-41 中的线段 1，系统提示"定义外形 2"，单击图 5-41 中的线段 2，单击按钮，绘制出一个曲面，结果如图 5-42 所示。

注意：选择图素时，单击位置应在同一侧，如图 5-43 所示。否则会造成曲面扭曲。

90

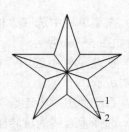

图 5-40 绘制中心及棱边   图 5-41 串连边界

a) 绘制中心点   b) 连接直线

10）用类似方法完成其他直纹面的绘制，结果如图 5-44 所示。

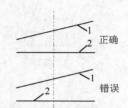

图 5-42 生成直纹曲面   图 5-43 直纹面图素选择   图 5-44 完成后的直纹面

在构建直纹曲面和举升曲面时应注意。

1）所有曲线串连的起始点都应对齐，圆的起始点默认在 XY 平面 0°位置，对应的直线应打断，否则会生成扭曲曲面，如图 5-45a 所示。

2）曲线串连的方向应相同，否则也生成扭曲曲面，如图 5-45b 所示。

3）串连的选取次序不同，形成的曲面也不相同。例如在 5.5.1 节实例中，如果串连顺序改变，则可得到图 5-45c 所示的结果。

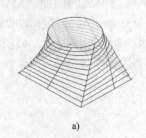
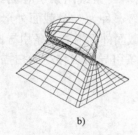

图 5-45 直纹曲面绘制示例

5.6 旋转曲面

旋转曲面是根据一条母线围绕轴线旋转而成的曲面。下面以图 5-46 为例进行说明，操作步骤如下。

1）在菜单栏中选取"构图"→"直线"→"绘制任意线"命令。绘制一条垂直线（轴线），如图 5-46a 所示。

2）在菜单栏中选取"构图"→"曲线"→"手动输入"命令。任意单击 5 点，绘制线架模型如图 5-46b 所示。

3）在菜单栏中选取"构图"→"曲面"→"旋转曲面"命令，"旋转曲面"工具栏如图 5-47 所示。

4）系统弹出"串连选项"对话框，选择图 5-46b 中的样条曲线，按〈Enter〉键。

5）选择垂直线为旋转轴，绘图区显示出旋转曲面如图 5-46c 所示。

6）设置起始和终止角度，选择旋转方向，单击 ☑ 按钮，完成旋转曲面造型，着色显示如图 5-46d 所示。

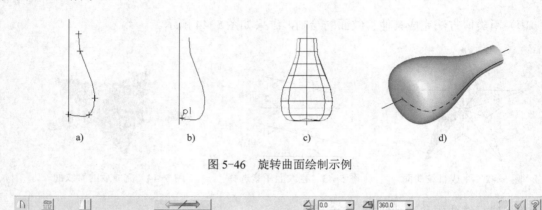

图 5-46　旋转曲面绘制示例

图 5-47　"旋转曲面"工具栏

5.7　扫描曲面

扫描曲面是将物体的截面曲线沿着一条或两条引导曲线平移而形成的曲面。Mastercam 提供了 3 种绘制扫描曲面的形式。第一种为一个截面外形沿着一条引导曲线移动的扫描曲面，如图 5-48a 所示；第二种为一个截面外形沿着两条引导曲线移动的扫描曲面，如图 5-48b 所示；第三种为两个截面外形沿着一条引导曲线移动的扫描曲面，如图 5-48c 所示。

图 5-48　扫描曲面的不同形式

下面以图 5-49 为例来说明构建扫描曲面的方法，操作步骤如下。

绘制图 5-49b 所示扫描曲面的线架模型，如图 5-49a 所示。

1）在菜单栏中选取"构图"→"直线"→"绘制任意线"命令。

绘制直线 L1：直线端点 P1 坐标为(0,0)；角度为 135°；直线长度为 40。

绘制直线 L2：直线端点为 L1 的另一端点 P2；角度为 45°；直线长度为 40，如图 5-50a

所示。

2）修整相切圆弧 *R*10。在菜单栏中选取"构图"→"倒圆角"命令，输入半径 10，选取直线 L1 和 L2，如图 5-50b 所示。

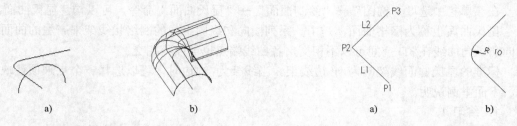

图 5-49　扫描曲面绘制示例　　　　　　　　　图 5-50　绘制直线和相切圆弧

3）构建经过 P1 点且以直线为法线的构图平面（坐标系）。在状态栏的"构图面"选项中选择"法线面"，靠近 P1 点选取直线 L1，显示如图 5-51a 所示。选择坐标系正方向，如图 5-51b 所示。保存新建构图面，命名为"新建视图[8]"，如图 5-51c 所示。

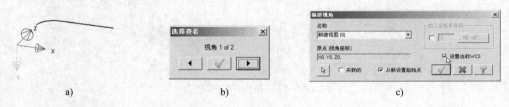

图 5-51　新建构图平面（坐标系）

4）将"新建视图[8]"设置为当前构图平面。在状态栏中选取"构图面"，在菜单中选取"指定视角"选项，选择 8 号构图面。

5）绘制圆弧 A（见图 5-52a）。在菜单栏中选取"构图"→"圆弧"→"极坐标"命令，输入圆心坐标为(0,0)，圆半径为 15，起始角度为 0°，终止角度为 180°，完成线架模型，如图 5-52b 所示。

6）设置视角为等角视图。

7）在菜单栏中选取"构图"→"绘制曲面"→"扫描曲面"命令。

8）系统弹出"串连选项"对话框，单击"单体"按钮 ◣，选取图 5-52c 中的圆弧，单击 ✓ 按钮。

9）单击"串连"按钮 ◎◎◎，选取两段直线和过渡圆弧组成的扫描线，单击 ✓ 按钮。

10）系统完成扫描面，如图 5-52d 所示。

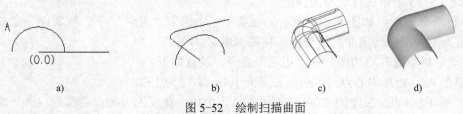

图 5-52　绘制扫描曲面
a) 绘制圆弧　b) 线架模型　c) 线架显示　d) 着色显示

5.8 昆氏曲面

在菜单栏中选取"构图"→"绘制曲面"→"昆氏曲面"命令，可以构建昆氏曲面。

昆氏曲面也称为网格曲面，是由一系列横向和纵向组成的网络状线架来产生的曲面，且横向和纵向曲线在 3D 空间可以不相交，各曲线端点也可以不相交。

标准的昆氏曲面线架应为 4 边线架。当线架为 3 边时，可以选择一个点来顶替缺少的边。下面举例说明。

1．练习 1

绘制如图 5-53a 所示的线架模型图，图 5-53b 为此线架模型生成的昆氏曲面。

1）绘制线架，如图 5-53a 所示。

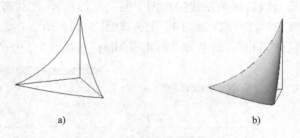

a)   b)

图 5-53　昆氏曲面绘制

2）在菜单栏中选取"构图"→"绘制曲面"→"昆氏曲面"命令，打开"昆氏曲面"工具栏，如图 5-54 所示。

图 5-54　"昆氏曲面"工具栏

3）单击"昆氏曲面"工具栏中的"顶点"图标 。

4）串连方式选择"单体"。

5）选择图 5-53 中的 3 条弧线，单击  按钮。

6）系统提示"选择顶点"，选择任意两弧交点为"顶点"，绘制出昆氏曲面，如图 5-53b 所示。

7）单击"昆氏曲面"工具栏中的  按钮完成昆氏曲面绘制。

2．练习 2

绘制如图 5-55 所示的昆氏曲面模型。

1）绘制两个矩形，如图 5-56a 所示。在菜单栏中选取"文件"→"新文件"命令，其设置：视角为俯视图；构图面为俯视图；构图深度 Z 为 20。

2）在菜单栏中选取"构图"→"矩形"命令。设置如下。

绘制矩形 P1：矩形中心点为(0,0)；长度为 100；宽度为 150。

绘制矩形 P2：构图深度为-20；矩形中心点为(0,0)；宽度为 100；高度为 150。系统绘制出图 5-56a 所示图形，此图为等角视图查看效果。

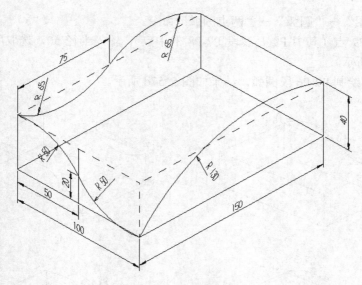

图 5-55 昆氏曲面模型

3）设置构图面为三维构图平面。在菜单栏中选取"构图"→"直线"命令，捕捉构图区中的 P1、P2 点，连接这两个端点，使用同样方法连接其他对应端点，结果如图 5-56b 所示。

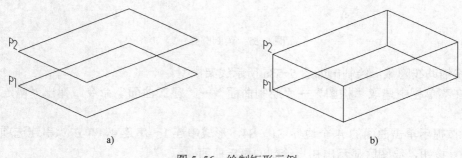

图 5-56 绘制矩形示例

a) 绘制矩形 b) 绘制四棱柱

4）绘制左侧面小圆弧。设置构图面为侧视图。选择"构图深度 Z"选项，然后单击图 5-57a 中的 P4 点，构图深度 Z 应为–50。将构图平面设置在与当前构图平面平行，且通过 P1 点的平面上。在菜单栏中选取"构图"→"圆弧"→"两点画弧"命令，然后单击 P3 和 P4 点（其中 P3 是线段 P2-P4 的中点），并输入半径 65，选取所需要的圆弧，用同样方法绘制出 P2-P3 段圆弧，结果如图 5-57a 所示。

5）绘制右侧面大圆弧。单击"构图深度 Z"选项，然后捕捉 P5 点，此时构图深度 Z 为 50，在菜单栏中选取"构图"→"圆弧"→"两点画弧"命令，分别捕捉构图区中的 P5、P6 点，并输入半径 130，选取所需要的圆弧部分，结果如图 5-57b 所示。

6）绘制前面圆弧。改变构图平面，将构图平面设置为前视图，选择"构图深度 Z"选项，捕捉 P7 点（直线 P1-P6 的中点），Z 值显示为 75。绘制图 5-57c 中的线段 P7-P8。在菜单栏中选取"构图"→"圆弧"→"两点画弧"命令。

单击 P2 和 P9 点(其中 P9 是线段 P7-P8 的中点),输入半径 50,选取所需要的圆弧,结果如图 5-57c 所示。

7)同样方法绘制 P9-P6 段圆弧,结果如图 5-57d 所示。

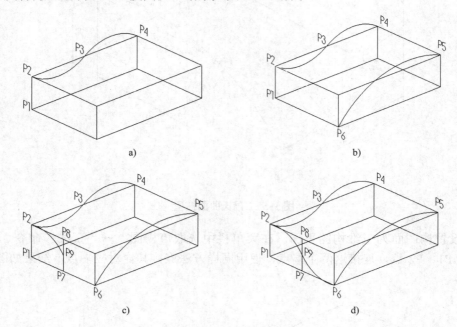

图 5-57 绘制圆弧

8)将辅助线隐藏,绘制出如图 5-58a 所示线架模型。

9)在菜单栏中选取"构图"→"绘制曲面"→"昆氏曲面"命令,弹出"串连选项"对话框。

10)按提示单击曲面的 4 个边界 S1~S4,形成串连 1~串连 4,单击"串连选项"对话框中的 ✓ 按钮,绘图区显示出初步绘制的昆氏曲面。

11)单击"昆氏曲面"工具栏中的 ✓ 按钮,退出昆氏曲面绘制状态,结果如图 5-58b 所示。

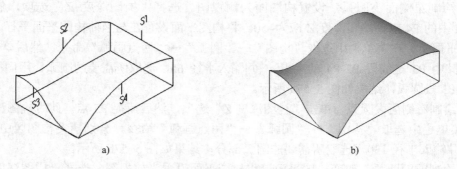

图 5-58 绘制昆氏曲面

5.9　牵引曲面

牵引曲面是将一条外形线沿着一条直线和一个角度构建出一个曲面，或者认为是将外形线垂直拉出一个高度，再输入高度值和角度来定义曲面。

下面举例说明。

1. 练习1

绘制图5-59a所示曲线的牵引曲面，操作步骤如下。

1）在菜单栏中选取"构图"→"绘制曲面"→"牵引曲面"命令。

2）根据提示选取曲线串连，串连方向如图5-59b所示，单击⊕按钮。

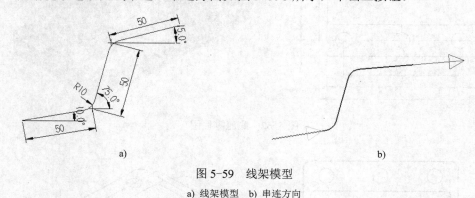

图5-59　线架模型

a) 线架模型　b) 串连方向

3）"牵引曲面"对话框如图5-60所示，输入牵引长度和角度。

4）单击◁按钮，结果如图5-61所示。

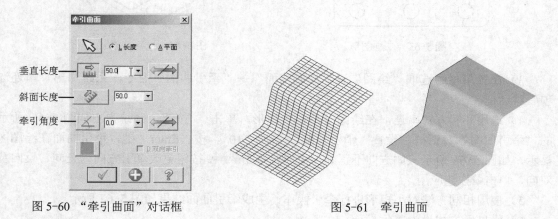

图5-60　"牵引曲面"对话框　　　　　图5-61　牵引曲面

2. 练习2

用牵引曲面完成如图5-62所示壳体的曲面造型，操作步骤如下。

1）根据零件图，使用矩形、整圆绘制功能绘出二维图形，如图5-63所示。

2）单击工具栏中的"视角-等角视图"图标⬡，在菜单栏中选取"转换"→"平移"命令，使用"串连"方式将内部矩形串连，单击"执行"图标●，在"平移"对话框中选取

"复制"单选按钮，Z 值为"10"，单击 ✓ 按钮，结果如图 5-64 所示。

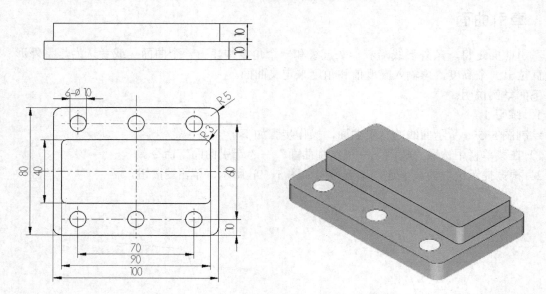

图 5-62 底座零件图

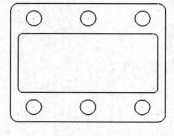

图 5-63 二维图形

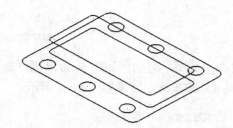

图 5-64 平移结果

3）在菜单栏中选取"绘图"→"绘制曲面"→"牵引曲面"命令，系统弹出"串连选项"对话框。

4）选用 ⟨⟨⟨⟩⟩⟩ 方式串连，在绘图区单击大矩形，单击 ✓ 按钮，系统弹出如图 5-65 所示的"牵引曲面"对话框，设置"牵引长度" 📏 为"10"，按〈Enter〉键，牵引曲面在绘图区显示，如图 5-66 所示，如方向不正确，可通过单击 ⟵⟶ 按钮更改牵引方向为正向、反向及双向，单击 ⊕ 按钮应用。

5）使用相同方法对小矩形进行牵引操作，生成牵引曲面结果如图 5-67 所示。

6）将显示方式设为着色显示。

7）在菜单栏中选取"构图"→"绘制曲面"→"平面修剪"命令。

8）进行串连操作，依次单击大矩形、6 个圆、小矩形（Z0 面），单击 ✓ 按钮执行，结果如图 5-68 所示。

9）用同样方法完成上盖的曲面造型，结果如图 5-69 所示。

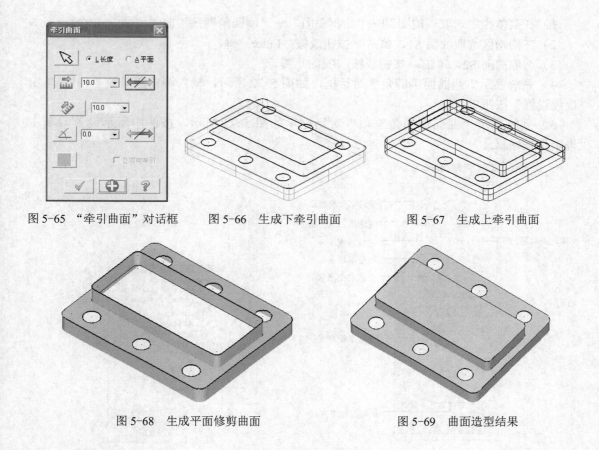

图 5-65 "牵引曲面"对话框   图 5-66 生成下牵引曲面   图 5-67 生成上牵引曲面

图 5-68 生成平面修剪曲面   图 5-69 曲面造型结果

5.10 曲面倒圆角

在菜单栏中选取"构图"→"绘制曲面"→"倒圆角"命令,可以构建曲面倒圆角。"倒圆角"子菜单如图 5-70 所示,共有 3 种曲面倒角的方法:曲面/平面、曲线/曲面、曲面/曲面。

5.10.1 曲面与曲面倒圆角

曲面与曲面的倒角用来在已存在的曲面和曲面之间产生一个倒圆角的曲面。下面以图 5-71 为例进行说明。操作步骤如下。

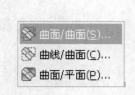

图 5-70 "倒圆角"子菜单

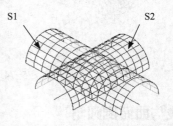

图 5-71 曲面与曲面倒圆角

1）在菜单栏中选取"构图"→"绘制曲面"→"倒圆角"→"曲面/曲面"命令。

2）在构图区选取曲面 S1，单击◯按钮或按〈Enter〉键。

3）选取曲面 S2，单击◯按钮或按〈Enter〉键。

4）系统显示"两曲面倒圆角"对话框，如图 5-72 所示，输入倒角圆半径"10"，单击"选项设置"按钮▣。

5）系统显示"曲面倒圆角选项"对话框，如图 5-73 所示，按图中所示设置后单击"确定"按钮▣。

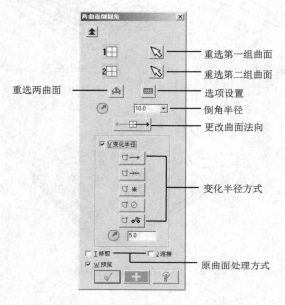

图 5-72 "两曲面倒圆角"对话框

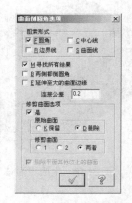

图 5-73 "曲面倒圆角选项"对话框

6）返回"两曲面倒圆角"对话框，单击"应用"按钮⊞，倒圆角操作结果如图 5-74a 所示。

7）重复步骤 2）～6），在"曲面倒圆角选项"对话框中选择"1"单选按钮后，操作结果如图 5-74b 所示。

8）重复步骤 2）～6），在步骤 6）中选择"2"单选按钮，操作结果如图 5-74c 所示。

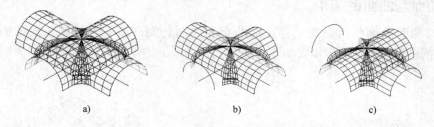

a)   b)   c)

图 5-74 曲面/曲面倒圆角

5.10.2 曲线与曲面倒圆角

曲线与曲面的倒角用于在已存在的曲线和曲面之间产生一个倒角圆曲面。下面以图 5-75

为例进行说明。操作步骤如下。

1）在菜单栏中选取"构图"→"绘制曲面"→"倒圆角"→"曲线/曲面"命令。

2）选取曲面，单击◯按钮。

3）串连选取曲线，如图 5-75a 所示，单击▭按钮。

4）系统显示"曲线与曲面倒圆角"对话框，输入倒圆角半径"15"后（倒圆角半径应大于曲线与曲面间的最大距离，否则会产生间断的倒圆角曲面），单击"应用"按钮⬤。

5）结果如图 5-75b 所示，单击▭按钮完成操作。

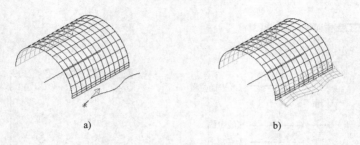

a)   b)

图 5-75　曲线与曲面倒圆角

5.10.3　曲面与平面倒圆角

曲面与平面的倒角用于曲面与某一指定平面之间产生一个倒角圆曲面。下面以图 5-76a 为例说明平面对曲面倒圆角的操作。操作步骤如下。

1）在菜单栏中选取"构图"→"绘制曲面"→"倒圆角"→"曲面/平面"命令.

2）根据提示选取曲面。直接单击曲面，单击◯按钮或按〈Enter〉键。

3）系统显示"平面选项"对话框和"平面与曲面倒圆角"对话框，如图 5-77 所示。"平面选项"对话框用于设置空间平面，各项含义如下。

X（YZ 平面）：与 YZ 平行，间距为设置值的平面。

Y（XZ 平面）：与 XZ 平行，间距为设置值的平面。

Z（XY 平面）：与 XY 平行，间距为设置值的平面。

直线定面：与选取的直线共面且垂直于构图平面，该直线不能与构图平行垂直。

3 点定面：通过选取 3 个不共线的点定义一个平面。

图素定面：选取平面内的曲线、相交直线或 3 个点来定义平面。

法线定面：选取直线作为平面的法线，且平面通过该直线某一端点。

4）选取 Z 项，输入平面的 Z 坐标："0"。这时屏幕上应出现该平面的法向矢量，如图 5-76b 所示。该矢量必须朝向倒角圆弧中心的方向，否则单击"更改方向"按钮来改变平面的法线矢量方向，单击▭按钮。

5）系统显示"平面与曲面倒圆角"对话框，如图 5-77b 所示。圆角半径设置为"5.0"，单击⬤按钮应用。

6）单击▭按钮完成操作，结果如图 5-76b 所示。

a)   b)

图 5-76   半圆柱曲面

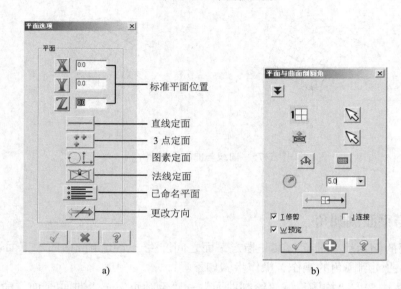

a)   b)

图 5-77   "平面选项"和"平面与曲面倒圆角"对话框

5.11   曲面偏移

曲面偏移是指将曲面沿着其法线方向按给定距离移动所得到的新曲面。下面以图 5-78a 为例进行说明，操作步骤如下。

1）在菜单栏中选取"构图"→"绘制曲面"→"曲面补正"命令。

2）选取需要偏移的曲面，单击 ◯ 按钮或按〈Enter〉键。

3）系统显示"曲面补正"工具栏，如图 5-79 所示。

4）输入偏移距离"20"，单击 ⊕ 按钮。

5）结果如图 5-78b 所示，重复步骤 2）～4）可对其他曲面进行偏移操作。单击 ☑ 按钮，完成操作。

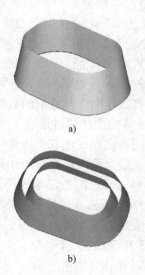

a)

b)

图 5-78   曲面偏移绘制

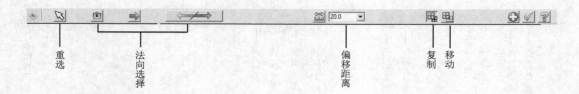

重选　　　法向选择　　　　　　偏移距离　　　复制　移动

图 5-79　"曲面补正"工具栏

5.12　曲面修整

曲面的修剪或延伸是指将已存在的曲面根据另一个曲面或曲线的形成边界进行修整。在菜单栏中选取"构图"→"绘制曲面"→"修整"命令，可打开"曲面修整"子菜单，如图 5-80 所示。

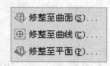

图 5-80　"曲面修整"子菜单

5.12.1　修整至曲面

该命令通过选取两组曲面（其中一级曲面必须只有一个曲面），将其中的一组或两组曲面在两组曲面的交线处断开后选取需要保留的曲面。在选取剪切曲面时，该曲面必须是被另一组曲面完全断开的曲面。下面以图 5-81a 为例进行说明，操作步骤如下。

1）在菜单栏中选取"构图"→"绘制曲面"→"修整"→"修整至曲面"命令。

2）选取第一组曲面，单击 ⬤ 按钮或按〈Enter〉键。

3）选取第二组曲面，单击 ⬤ 按钮或按〈Enter〉键，系统弹出如图 5-82 所示的"修整至曲面"工具栏。

4）在工具栏中选择"删除原曲面"图标，在修整曲面类型中选择"同时修剪"图标。

5）用鼠标在曲面保留区域内单击，修整结果如图 5-81b 所示。

6）在步骤 4）中，如果选择"修剪曲面 1"，结果如图 5-81c 所示。

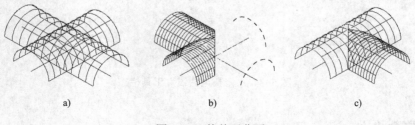

a)　　　　　　　　　　b)　　　　　　　　　　c)

图 5-81　修整至曲面

重选曲面 1　　重选曲面 2　　　　保留原曲面　　删除原曲面　　　　修剪曲面 1　　修剪曲面 2　　同时修剪　　　　保留属性

图 5-82　"修整至曲面"工具栏

5.12.2　修整至曲线

该选项是将曲线形成的边界投影到曲面进行修整。下面以图 5-83a 为例进行说明。操作步骤如下。

1）在菜单栏中选取"构图"→"绘制曲面"→"修整"→"修整至曲线"命令。

2）选取曲面，单击 ⬤ 按钮或按〈Enter〉键。

3）选取曲线，单击 ⬤ 按钮或按〈Enter〉键，弹出如图 5-84 所示的"修整至曲线"工具栏。

4）系统提示选择要保留的曲面。

5）选取曲面后将移动箭头拖至曲线边界之外，结果如图 5-83b 所示。

6）选取曲面后如果将移动箭头拖至曲线边界之内，单击鼠标，结果如图 5-83c 所示。

当选项设置为"垂直于构图面时"时，修整边界为曲线投影时沿着当前构图平面的法线方向在曲面上的投影；当设置为"垂直于曲面"时，修整边界为曲线投影沿着所选曲面的法线方向在曲面上的投影。

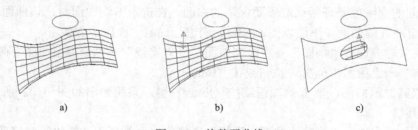

a)　　　　　　　　　　b)　　　　　　　　　　c)

图 5-83　修整至曲线

垂直于构图面　　　　垂直于曲面

图 5-84　"修整至曲线"工具栏

5.12.3　修整至平面

该选项是通过定义一个平面，使用该平面将选取的曲面切开并保留平面法线方向一侧的曲面。下面以图 5-85a 为例进行说明，操作步骤如下。

1）在菜单栏中选取"构图"→"绘制曲面"→"修整"→"修整至平面"命令。

2）选取曲面后，单击○按钮或按〈Enter〉键。

3）系统显示"平面选项"对话框，如图 5-86 所示，选取修整平面"Z"，输入 Z 坐标值"25"，按〈Enter〉键。

4）绘图区显示一个平面标志，并用一个箭头表示其法线方向，可以单击 ↗ 按钮将箭头反向。若箭头向下，单击 ☑ 按钮，圆台上部被修整，如图 5-85b 所示；若箭头向上，则修整圆台下部。

5）如果在步骤 3）中选择"X"选项，输入 X 坐标值"0"，按〈Enter〉键，选择箭头向后，单击 ☑ 按钮，结果如图 5-85c 所示。

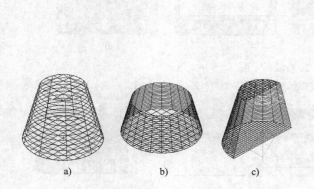

图 5-85　修整至平面

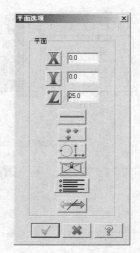

图 5-86　"平面选项"对话框

6）系统显示"修整至平面"工具栏中，如图 5-87 所示，单击 ☑ 按钮，结束操作。

图 5-87　"修整至平面"工具栏

5.12.4　平面修剪、填补内孔和恢复边界

📇 平面修剪... ：可以绘制边界平面曲面。绘制的平面曲面是用同一平面内的封闭外形来构建一个平面，该外形可以是某个曲面的封闭边界，如图 5-88a 所示执行"平面修剪"命令时只将外轮廓串连，生成的边界平面如图 5-88b 所示。选取图 5-88a 中的所有图素进行"平面修剪"后的结果如图 5-88c 所示。

绘制边界也可以是同一平面内不在一条直线上的 3 条以上可串连不封闭边线。若外形不

105

封闭，系统提示"是否自动封闭"，单击"是"按钮后可以将其封闭，如图 5-89 所示。

▦ 填补内孔：在"绘制曲面"子菜单中选择"填补内孔"命令，可以将曲面内的封闭轮廓填补为平面曲面。例如，图 5-88c 中的内矩形轮廓边界，执行"填补内孔"命令后选择曲面，将箭头移动到内矩形轮廓边界，如曲面内有多个封闭内轮廓，系统会提示"是否填补所有内孔"，单击"否"按钮，内矩形被曲面补齐，如图 5-88d 所示，按〈Esc〉键退出"填补内孔"命令。

▦ 恢复边界：在"绘制曲面"子菜单中选择"恢复边界"命令，可以删除边界。例如，执行"恢复边界"命令后选择曲面，将箭头移动到图 5-88c 中的内矩形轮廓边界，如曲面内有多个封闭内轮廓，系统会提示"是否恢复所有边界"，单击"否"按钮，内矩形被曲面补齐，结果与"填补内孔"相同，如图 5-88d 所示，按〈Esc〉键退出"恢复边界"命令。

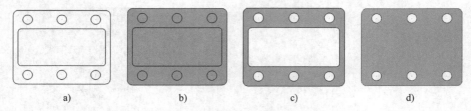

图 5-88　绘制边界平面（一）

a) 二维图形　b) 外轮廓修剪平面　c) 所有图素修剪平面　d) 填补内孔

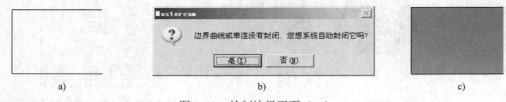

图 5-89　绘制边界平面（二）

a) 二维图形　b) 封闭提示　c) 修剪平面

5.12.5　打断曲面

分割曲面是将选取的一个曲面，按指定的位置和方向分割为两个曲面。在"绘制曲面"子菜单中选择"打断曲面"命令可以分割曲面，分割后的曲面在分割处多加了一条分割线。

下面以图 5-90 为例进行说明。操作时，在构图区选取曲面，则在曲面上出现一个随鼠标移动的箭头，当箭头移动到需要分割的位置时，单击鼠标左键，此时曲面上箭头方向为分割方向，如图 5-90a 所示，可用"分割曲面"工具栏中的 ↦ 按钮来改变方向，单击 ✓ 按钮，完成分割曲面如图 5-90b 所示。

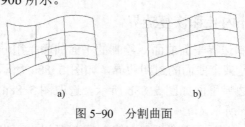

图 5-90　分割曲面

a) 曲面分割前　b) 曲面分割后

5.12.6 恢复修剪曲面

在"绘制曲面"子菜单中选择"恢复修剪"命令可恢复被修剪的曲面。在恢复修剪曲面时，系统显示如图 5-91 所示的工具栏。当选择"保留"时，在恢复原曲面的同时，保留修剪曲面；当选择"删除"时，将删除修剪后的曲面。设置后，选取已修剪曲面，则按设置恢复到修剪前的曲面。

图 5-91 "恢复修剪"工具栏

5.12.7 曲面延伸

曲面延伸是指将选取的曲面沿着曲面边缘按指定距离延伸。下面以图 5-92a 为例进行说明。操作步骤如下。

1）在菜单栏中选取"构图"→"绘制曲面"→"曲面延伸"命令。

2）系统弹出"曲面延伸"工具栏，如图 5-93 所示。

其各选项含义如下。

切向/顺接延伸：当设置为"直线"时，线性地延伸曲面；设置为"原方向"时，按曲面的曲率延伸曲面。

至一平面：延伸至选择的已命名平面。

长度：用于输入延伸距离。

3）按图 5-93 所示内容进行设置。

4）选取延伸曲面，移动箭头至边界，如图 5-92a 所示。

5）单击鼠标左键，曲面被延伸，单击▢按钮，结果如图 5-92b 所示。

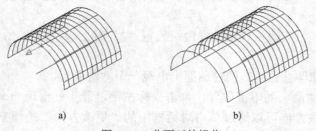

图 5-92 曲面延伸操作

a) 曲面延伸前　b) 曲面延伸后

图 5-93 "曲面延伸"工具栏

5.13 熔接曲面

曲面熔接可生成一个或若干个平滑的过渡曲面，将两个以上的曲面与这几个曲面相切。有3种曲面熔接方式：两曲面熔接、三曲面熔接和三圆角曲面熔接。

5.13.1 两曲面熔接

两曲面熔接可以在两个曲面间产生一个顺接曲面，使两主要表面光滑过渡。下面以图 5-94 为例进行说明。操作步骤如下。

1）在菜单栏中选取"构图"→"绘制曲面"→"2 曲面熔接"命令，出现如图 5-95 所示"两曲面熔接"对话框，其中各项含义如下。

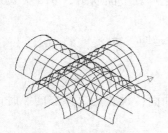

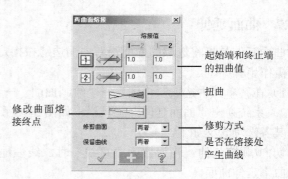

图 5-94 两半圆柱曲面   图 5-95 "两曲面熔接"对话框

📵1：用于重新选取曲面 1 并设置其熔接位置和方向。

📵2：用于重新选取曲面 2 并设置其熔接位置和方向。

扭曲：当产生的曲面扭曲时，用来改变曲线的顺接方向。

修剪曲面：设置"1"时，修剪曲面 1；设置"2"时，修剪曲面 2；设置"两者"时，两曲面都修剪。

保留曲线：设置"1"时，保留曲线 1；设置"2"时，保留曲线 2；设置"两者"时，两曲线都保留。

2）根据提示选取圆柱曲面，圆柱曲面上出现一个粘接箭头。

3）根据提示移动箭头到熔接位置，单击鼠标左键，箭头处出现一个固定的大箭头，如图 5-94 所示，该箭头方向可以通过单击对话框中的"更改方向"按钮来改变，也可以沿曲面的素线方向或垂直曲面的素线方向确定，系统显示出一条样条曲线，该曲线就是要熔接的曲线。

4）用同样方法确定第二条熔接曲线，重复步骤 2）和 3）。

5）按图 5-95 进行设置后，得到如图 5-96 所示熔接结果。图 5-96a 和图 5-96b 为熔接方向均垂直曲面素线结果，只是选取曲面的顺序不同；图 5-96c 和图 5-96d 的熔接方向不一致，一个沿曲面的素线方向，一个垂直曲面的素线；另外，图 5-96d 为修剪曲面设置为"2"的结果。

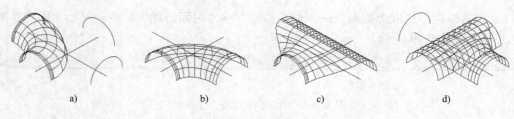

a)   b)   c)   d)

图 5-96   两曲面熔接

5.13.2   三曲面熔接和圆角曲面熔接

三曲面熔接是构建一个或多个曲面将三个曲面光滑地熔接起来。在菜单栏中选取"构图"→"绘制曲面"→"3 曲面熔接"命令可以构建三曲面熔接。此时，显示的"三曲面熔接"子菜单的选项和含义与二曲面熔接的子菜单相同，操作方法也一样。

三圆角曲面熔接与三曲面熔接的功能相似。

5.14   构建曲面曲线

Mastercam X 除了提供了曲面设计功能外，还提供了大量的曲面曲线设计功能，可以使用"构图"→"曲面曲线"菜单中的命令生成与曲面关联的各种曲线，如图 5-97 所示。

图 5-97   "曲面曲线"子菜单

5.14.1   构建固定参数曲线

"固定参数曲线"命令可以在一个曲面或两个以上曲面的常数参数方向的任何位置构建一条曲线。下面以图 5-98 为例来构建固定参数曲线。

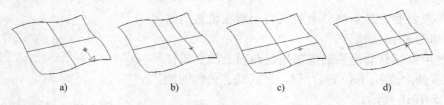

a)   b)   c)   d)

图 5-98   构建固定参数曲线

1）在菜单栏中选取"构图"→"曲面曲线"→"缀面边线"命令，显示"固定参数曲线"工具栏如图 5-99 所示。

曲线弦高

图 5-99 "固定参数曲线"工具栏

2）在构图区选取曲面，曲面上显示一个箭头，指出该曲面的法线方向。移动鼠标，确定缀面边线经过的点，如图 5-98a 所示。

3）单击鼠标左键，即可生成图 5-98b 所示的纵向参数曲线。单击 ⟵⟶ 按钮可以将曲线的方向变为如图 5-98c 所示的横向。再次单击 ⟵⟶ 按钮可生成纵、横两条相交的曲线，如图 5-98d 所示。

5.14.2 构建曲面流线

"曲面流线"命令用于产生横向或纵向的所有曲面流线，流线方向可以通过 ⟵⟶ 按钮来控制。下面以图 5-100a 所示为例进行说明。操作步骤如下。

1）在菜单栏中选取"构图"→"曲面曲线"→"曲面流线"命令。

2）选取曲面。

3）生成的曲面流线如图 5-100b 所示。

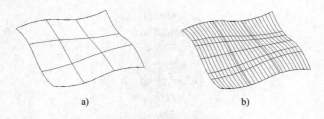
a)   b)

图 5-100 构建曲面流线

5.14.3 构建动态曲线

"动态绘线"命令可以在曲面上动态地选取曲线要通过的点（至少两个点），使用这些点和设置的参数来绘制动态曲线。操作步骤如下。

1）在菜单栏中选取"构图"→"曲面曲线"→"动态绘线"命令。

2）选取曲面，显示出一个箭头表示所在位置的法线方向，如图 5-101a 所示。

3）使用鼠标移动箭头的尾部捕捉曲面上的点或任意点（至少两个点），按〈Esc〉键，完成动态曲线的绘制，如图 5-101b 所示。

4）按〈Esc〉键退出"动态绘线"命令。

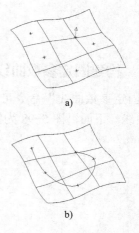
a)

b)

图 5-101 绘制动态曲线

5.14.4　构建曲面剖切线

"剖切线"命令可以绘制出曲面与剖切面的交线。下面通过绘制图 5-102a 所示的曲面与过点 P 且平行于 Y、X 和 X 轴的平面交线来介绍该命令的使用。

1) 在菜单栏中选取"构图"→"曲面曲线"→"剖切线"命令,显示工具栏如图 5-103 所示。

2) 选取曲面。

3) 选取已命名构图面或新建构图面为剖切面,设置距离。

4) 按〈Esc〉键退出"剖切线"命令,即可绘制出图 5-102b 所示的曲线。

a)　　　　　　　　　　　b)

图 5-102　构建曲面剖切线

图 5-103　"剖切线"工具栏

5.14.5　构建曲面的交线

"交线"命令可以绘制出两曲面间的交线。下面以图 5-104a 为例进行说明。操作步骤如下:

1) 在菜单栏中选取"构图"→"曲面曲线"→"交线"命令。

2) 选取曲面 S1。

3) 选取曲面 S2。

4) 按〈Esc〉键退出"交线"命令,完成相交曲线的绘制,如图 5-104b 所示。

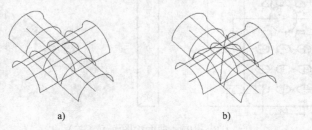

a)　　　　　　　　　　　b)

图 5-104　构建曲面交线

5.15 习题与练习

1. 完成图 5-105 所示平面造型。

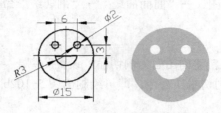

图 5-105 二维绘图练习

2. 完成图 5-106 所示曲面造型。

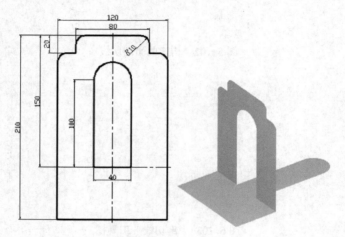

图 5-106 曲面绘图练习（一）

3. 完成图 5-107 所示手机壳面造型。

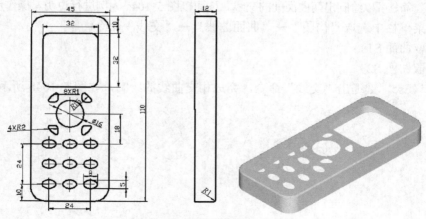

图 5-107 曲面绘图练习（二）

4. 完成图 5-108 所示握力圈的曲面造型。

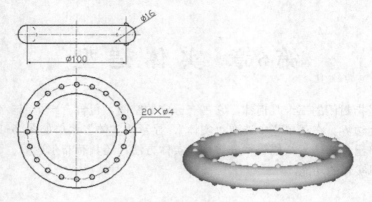

图 5-108　曲面绘图练习（三）

5. 完成图 5-109 所示曲面造型。

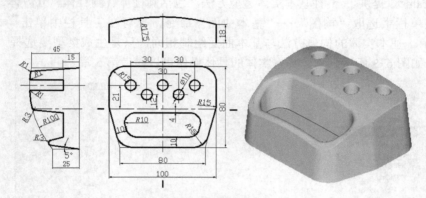

图 5-109　曲面绘图练习（四）

6. 完成图 5-110 所示曲面造型。

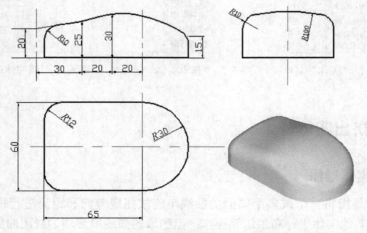

图 5-110　曲面绘图练习（五）

第6章 实体造型

三维实体是指封闭的三维几何体，它占有一定的空间，包含有一个或多个面，这些面构成了实体的封闭边界。在菜单栏中选取"实体"，显示"实体"菜单如图 6-1 所示。主要包括基本实体、挤出、旋转、扫描、举升等构建实体方法，还具有布尔运算、牵引、抽壳、修剪、倒角等编辑实体的功能。

6.1　构建基本实体

Mastercam X 提供了 5 种基本实体造型方法，包括圆柱体、圆锥体、立方体、球体和圆环体。在菜单栏中选取"构图"→"基本曲面"命令，也可在工具栏中单击 图标，如图 6-2 所示。基本实体的构建方法与基本曲面绘制相同，只是生成类型要选择"S 实体"单选按钮，如图 6-3 所示。构建基本实体的具体操作可以参考第 5 章。

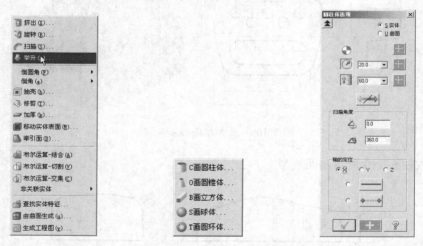

图 6-1 "实体"菜单　　图 6-2 "基本实体"子菜单　　图 6-3 "圆柱体选项"对话框

6.2　构建挤出实体

6.2.1　挤出实体操作

挤出实体是指将一个或多个共面的曲线串连按指定方向和距离进行挤压所构建的新实体，也可以与其他实体进行布尔运算操作。当选取的曲线串连均为封闭曲线串连时，可以生成实心的实体或壳体。当选取的串连为不封闭串连时，则只能生成壳体。下面以图 6-4 为例进行说明。

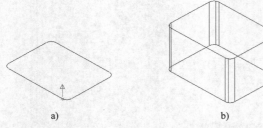 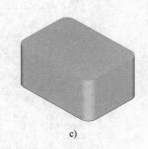

a)   b)   c)

图 6-4 　构建挤出实体示例

a) 挤出前的曲线串连　b) 挤出后的实体　c) 着色显示

操作步骤如下。

1）在菜单栏中选取"实体"→"挤出"命令，显示"串连选项"对话框。

2）选取串连对象后，单击 ✓ 按钮。

3）系统显示"实体挤出的设置"对话框，选择"挤出"选项卡，如图 6-5a 所示。各选项含义如下。

名称：挤压实体名称。

"挤出操作"栏：分为三项。建立实体：创建新的实体；切割实体：构建的实体将作为工具实体与选取的目标实体进行布尔求差运算；增加凸缘：构建的实体将作为工具实体与选取的目标实体进行布尔求和运算。

"拔模角"栏：启动拔模功能并确定拔模方向和拔模角度。随拔模方向选择不同，实体可以向内或向外倾斜，如图 6-6 所示。

"挤出的距离方向"栏：确定挤压出实体的长度和方向。可以选择直接输入长度值、指定点或向量来确定挤压长度。

全部贯穿：沿挤压方向完全穿过选取的目标实体。只有在切割实体模式下才能选择该单选按钮。

修剪到指定的曲面：可以挤压至目标实体上的一个面。只有在切割实体和增加凸缘模式下可以选择。

4）设置完毕后，单击 ✓ 按钮完成实体构建，如图 6-4c 所示。

5）如果在步骤 3）中选择"薄壁"选项卡，显示如图 6-5b 所示的"薄壁"选项卡。

下面对"薄壁"选项卡中的功能和含义进行介绍。

薄壁实体：构建的实体为薄壳实体，如图 6-7 所示。

厚度朝内：选取的串连向内偏移构建薄壳。

厚度朝外：选取的串连向外偏移构建薄壳。

内外同时产生薄壁：选取的串连分别向内、外两个方向偏移后构建薄壳。

朝内的厚度：用来设置串连向内偏移的距离。

朝外的厚度：用来设置串连向外偏移的距离。

开放轮廓的两端同时产生拔模角：选择该复选框，壳体壁面按设置发生倾斜，否则壳体壁面不倾斜。

a)   b)

图 6-5 "实体挤出的设置"选项卡

a)"挤出"选项卡 b)"薄壁"选项卡

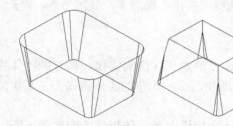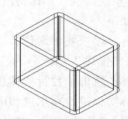

图 6-6 实体"向外"和"向内"挤出示例   图 6-7 薄壳实体示例

举例如下：用挤出实体操作完成如图 6-8 所示底座的造型，步骤如下。

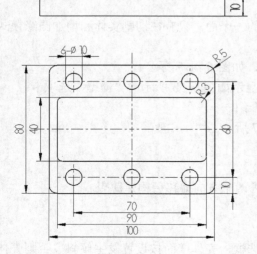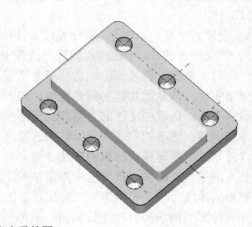

图 6-8 底座零件图

1）根据零件图，使用矩形、整圆绘制功能绘出二维图形。单击工具栏中的"视角-等角视图"按钮⬡，如图6-9所示。

2）在菜单栏中选取"实体"→"挤出"命令，显示"串连选项"对话框。

3）选用⚬⚬⚬方式串连，在绘图区单击大矩形和6个整圆，单击√按钮执行，系统弹出"实体挤出的设置"对话框，如图6-10所示。

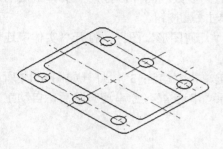

图6-9 二维图形

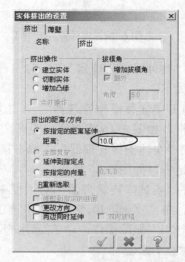

图6-10 "实体挤出的设置"对话框

4）在"实体挤出的设置"对话框中，将挤出长度设为"10"，按〈Enter〉键，图形上显示出挤压方向，如图6-11所示箭头方向，大矩形的挤出方向应该向下，如果方向相反应选择"更改方向"复选框。单击√按钮确定，生成挤出实体如图6-12所示。

5）使用相同方法对小矩形进行挤压操作，挤出方向向上，结果如图6-13所示。

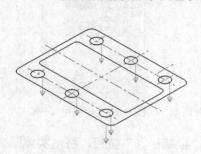

图6-11 挤出方向

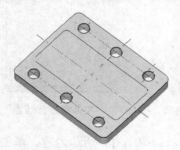

图6-12 生成下挤出实体

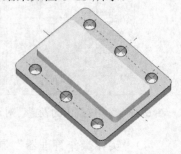

图6-13 生成上挤出实体

6.2.2 实体操作管理器

在绘图区左边的操作管理器中选择"实体"选项卡可以打开如图6-14所示的"实体操作管理器"。在该选项卡的内部单击右键可打开快捷菜单，如图6-15所示。

"实体操作管理器"可以对已生成的实体进行编辑，包括参数修改、重新串连、增加串连、删除串连等参数，可以通过单击相应图标或使用快捷菜单调用各命令。

图 6-14 实体操作管理器   图 6-15 快捷菜单

使用"实体操作管理器"对 6.2.1 节例子中构建的实体进行挤出参数修改、删除串连操作。步骤如下。

1）打开"实体操作管理器"，单击第 1 个实体的"参数"图标，打开"实体挤出的设置"对话框。如图 6-16 将"挤出距离"修改为 20，单击█✔️按钮。

2）在"实体操作管理器"中单击第 1 个实体的"几何图形"图标，打开"实体串连管理器"对话框，如图 6-17 所示。

3）在"实体串连管理器"对话框中，用鼠标右键单击"串连 3"，打开如图 6-18 所示快捷菜单，单击"删除串连"将"串连 3"删除。对原"串连 4"（原串连删除后，自动重新排序）进行相同删除操作，单击█✔️按钮。

图 6-16 "实体挤出的设置"对话框   图 6-17 "实体串连管理器"对话框   图 6-18 删除串连

4）"实体操作管理器"显示为图 6-19 所示内容。单击"重新计算"按钮，挤出实体图形更新为图 6-20。

图 6-19 实体操作管理器   图 6-20 实体挤出示例

6.3 构建旋转实体

旋转实体是指将共面且封闭的曲线串连绕某一轴线旋转一定角度生成的实体，如图 6-21a 所示，也可以作为工具实体与选取的目标实体进行布尔运算操作。下面以图 6-21b 为例进行说明。

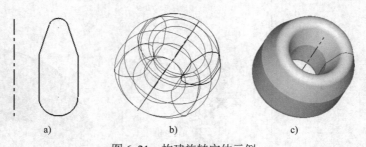

图 6-21　构建旋转实体示例

a) 二维图形　b) 线架显示　c) 着色显示

操作步骤如下。

1）在菜单栏中选取"实体"→"旋转"命令，显示"串连选项"对话框。

2）选取曲线串连，单击 按钮确定。

3）选取旋转轴后，在旋转轴上显示出旋转方向和起点的箭头并显示图 6-22 所示的"旋转实体的设置"对话框，可以重新选取旋转轴线或将旋转方向反向。"旋转"选项卡和"挤出"选项卡基本相同，只是增加了旋转的起始和终止角度，在此不再赘述。

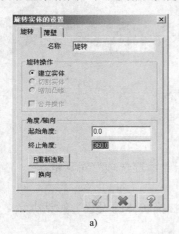
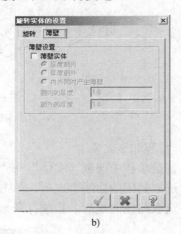

图 6-22　"旋转实体的设置"对话框

a)"旋转"选项卡　b)"薄壁"选项卡

4）输入旋转的起始和终止角度，完成设置后，单击 按钮。旋转实体如图 6-21b 和图 6-21c 所示。

对已构建实体进行修改操作。

1）打开"实体操作管理器"，单击"参数"图标，打开"旋转实体的设置"对话框（见

图 6-23），将"起始角度"修改为 30°，"终止角度"更改为 180°，单击 按钮。

　　2）"实体操作管理器"显示为图 6-24 所示内容。单击"重新计算"按钮，实体图形更新为图 6-25。

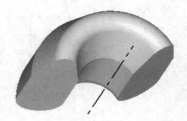

图 6-23 "旋转实体的设置"对话框　　图 6-24　修改实体参数　　图 6-25　旋转实体

6.4　构建扫描实体

　　扫描实体是指将共面的封闭曲线串连沿一条路径平移所生成的实体，如图 6-26 所示，也可以作为工具实体与选取的目标实体进行布尔运算操作。下面以图 6-26 为例进行说明。

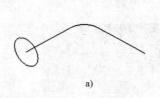
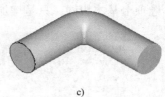

a)　　　　　　　　　　　　　b)　　　　　　　　　　　　　c)

图 6-26　构建扫描实体示例

a) 线架模型　b) 扫描实体　c) 着色显示

操作步骤如下。

　　1）在菜单栏中选取"实体"→"扫描"命令，显示"串连选项"对话框。

　　2）选取封闭的曲线串连后，单击 按钮确定。

　　3）选取路径曲线后，系统打开如图 6-27 所示的"扫描实体的设置"对话框。

图 6-27　"扫描实体的设置"对话框

4）按图 6-27 设置后，单击 ☑ 按钮确定。

5）系统完成构建扫描实体，如图 6-26b 和图 6-26c 所示。

举例如下：用扫描建模的方法完成如图 6-28 所示工件的实体造型。

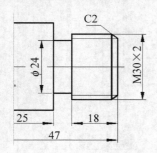

图 6-28　扫描建模示例

1）单击工具栏中的 🔲 按钮，选择前视图为当前视角。单击工具栏中的 🔲 按钮，选择前视图为当前构图面。

2）绘制 4 条水平线，Y 坐标分别为 0、25、29 和 47；绘制 4 条垂直线，X 坐标分别为 0、12、14.9（M30 外螺纹预留量）和 20。直线绘制完成后使用"修剪"命令进行修剪，结果如图 6-29 所示。

3）选择"等角视图" 🔲 作为当前视角。

4）在菜单栏中选取"实体"→"旋转"命令，串连图 6-29 中的所有直线，选择直线 L1 为旋转轴，生成旋转实体如图 6-30 所示。

5）在菜单栏中选取"实体"→"倒角"→"单一距离"命令，单击如图 6-30 中上端面外圆棱边，将"倒角距离"设为 2，完成倒角后的实体如图 6-31 所示。

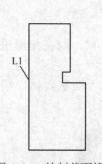

图 6-29　绘制截面线

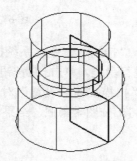

图 6-30　生成旋转线架实体

图 6-31　完成实体倒角

6）单击工具栏中的 🔲 按钮，选择俯视图作为构图平面。

7）在菜单栏中选取"构图"→"绘制螺旋线"命令，弹出图 6-32 所示"螺旋线选项"对话框。将螺距设为 2，圈数设为 11，半径设为 15。

8）使用键盘输入圆心坐标（0，0，27）。绘制出如图 6-33 所示螺旋线。

9）单击工具栏中的"前视图"按钮 🔲，将其设为当前视角。构图面使用相同的设置。

10）绘制边长为 2 的等边三角形，以三角形右边中点为三角形基点，螺旋线下端点为定位点，如图 6-34 所示。

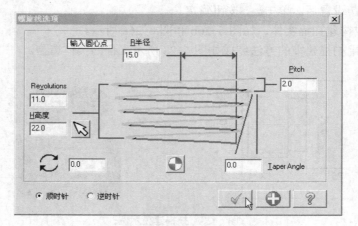

图 6-32 "螺旋线选项"对话框

图 6-33 绘制螺旋线

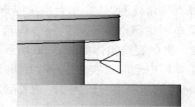

图 6-34 绘制扫描三角形

11）在菜单栏中选取"实体"→"扫描"命令，系统提示"串连 1"，对三角形进行串连。系统提示"串连 2"，对螺旋线进行串连。单击 ✓ 按钮。

12）系统弹出如图 6-35 所示"扫描实体的设置"对话框，选中"切割实体"单选按钮，单击 ✓ 按钮，完成实体扫描。将部分图素隐藏，结果如图 6-36 所示。

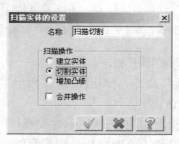

图 6-35 "扫描实体"对话框

图 6-36 完成实体扫描

6.5 构建举升实体

举升实体是指将两个或两个以上的封闭曲线串连按选取的熔接方式进行熔接所生成的实体，也可以作为工具实体与选取的目标实体进行布尔运算操作。下面以图 6-37 为例进行说明。

操作步骤如下。

1）在菜单栏中选取"实体"→"举升"命令，显示"串连选项"对话框。

2）选取多个封闭曲线串连后，单击 ![按钮] 按钮确定，打开"举升实体的设置"对话框如图 6-38 所示。

3）选取举升操作模式，单击 ![按钮] 按钮确定。

4）系统完成构建举升实体，如图 6-37b 和图 6-37c 所示。

a)　　　　　　　　　b)　　　　　　　　　c)

图 6-37　构建举升实体示例

a) 线架模型　b) 举升实体　c) 着色显示

注意：与构建举升曲面相同，在选取各曲线串连时应保证各串连的方向和起点一致，否则举升实体将发生扭曲，如图 6-39 所示；同时所有的串连必须为封闭串连且各串连不能相交，否则举升操作失败。

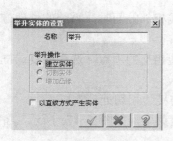

图 6-38　"举升实体的设置"对话框

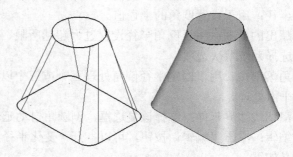

图 6-39　串连扭曲示例

6.6 实体倒圆角与实体倒角

对实体的编辑经常要对棱边进行倒角，其中包括倒圆角和倒直角。

6.6.1 实体倒圆角

在菜单栏中选取"实体"→"倒圆角",可以选择"倒圆角"和"实体表面-表面倒圆角"命令,如图6-40所示。

1. 倒圆角

倒圆角是指按指定的曲率半径生成一个圆弧面,该圆弧面与交于该边的两个面相切。下面举例说明,操作步骤如下。

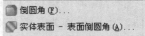

图6-40 "倒圆角"子菜单

1)在菜单栏中选取"实体"→"倒圆角"→"倒圆角"命令。系统提示选取实体图素,可以选择边、面或整个实体。

2)选取实体的边、面或整个实体后,单击 ![按钮] 按钮确定,系统打开"实体倒圆角参数"对话框,如图6-41a所示。

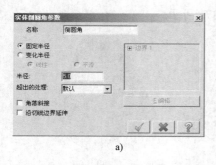
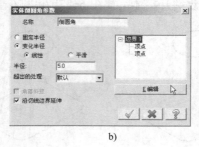

a)   b)   c)

图6-41 "实体倒圆角参数"对话框与"变化半径编辑菜单"

"实体倒圆角参数"对话框中各参数的含义如下。

固定半径:采用固定的圆角半径。

变化半径:采用变化的圆角半径,选中该选项后对话框如图6-41b所示。

线性:圆角半径采用线性变化,只有在选择采用变化的圆角半径时可用。

平滑:圆角半径采用平滑变化,只有在选择采用变化的圆角半径时可用。

半径:用于设置倒角的半径值。

超出的处理:用于倒角半径设置过大超越所限、选边线相邻的面时,系统的处理方式。推荐选择系统默认选项。

角落斜接:用于固定半径倒角处理三个或三个以上棱边相交的顶点。选择该复选框,顶点不平滑处理。

沿切线边界延伸:选择该复选框,倒圆角自动延长至与棱边相切处。

编辑:单击"编辑"按钮,可以打开"变化半径"编辑菜单,如图6-41c所示。各项命令含义如下。

动态插入:可以在选取要倒角的边上,移动光标来改变插入的位置。

中点插入:可以在选取边的中点处插入半径点,并提示输入该点的半径值。

修改位置:可以用来改变选取边上半径点的位置,但不能改变端点和交点的位置。

修改半径:可以用来改变选取边上半径的值。

移除:可以用来删除端点间的半径点,但不能删除端点。

循环：可以循环显示各半径点，并可输入新的半径值及改变各半径点处的半径。

3）按图 6-41a 所示设置各参数后，单击 ✓ 按钮，系统即完成实体倒圆角操作。图 6-42a 为倒圆角前的实体，图 6-42b 为单边倒圆角结果，图 6-42c 为面倒圆角结果，图 6-42d 为整体倒圆角结果，图 6-42e 为变化半径倒圆角结果。

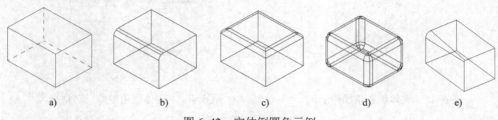

图 6-42　实体倒圆角示例

a) 倒圆角前　b) 单边倒圆角　c) 面倒圆角　d) 整体倒圆角　e) 变化半径倒圆角

2. 实体面与面倒圆角

面与面圆角能够在两个实体面之间产生圆角，而这两个面并不需要有共同的边，它们之间的槽或孔会被圆角填充。下面以图 6-43 为例进行说明，操作步骤如下。

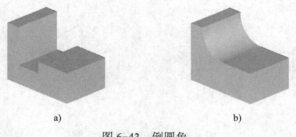

图 6-43　倒圆角

a) 倒圆角前　b) 倒圆角后

1）在菜单栏中选取"实体"→"倒圆角"→"实体面-表面倒圆角"命令，系统提示选取需要倒圆角的面。

2）选择完毕后，单击 ◯ 按钮或按〈Enter〉键，弹出如图 6-44 所示对话框。

3）设定完毕后，单击 ✓ 按钮确定，系统生成圆角，如图 6-43b 所示。

6.6.2　实体倒角

实体倒角是指在实体的边缘处通过增加或减少材料的方式，用平面连接两个相邻已知表面，形成一个斜面。Mastercam X 给出了"相同倒角距离"、"不同倒角距离"、"倒角距离与角度"三个选项，在此只介绍"相同倒角距离"。下面以图 6-45 为例进行说明，操作步骤如下。

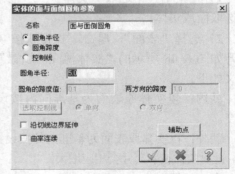

图 6-44　"实体的面与面倒圆角参数"对话框

1）在菜单栏中选取"实体"→"倒角"→"单一距离"命令，系统提示选取倒角平面。

2）选取完毕后，单击◯按钮或按〈Enter〉键，系统弹出"实体倒角参数"对话框，如图 6-46 所示。

3）设置参数后，单击☑按钮确定，系统完成倒直角操作，如图 6-45 所示。

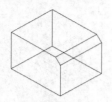

图 6-45　实体倒直角操作示例　　　　　图 6-46　"实体倒角参数"对话框

6.7　实体抽壳

抽壳实体可以将三维实体生成新的开放式空心实体和封闭式空心实体。如图 6-47 所示，其中图 6-47b 为开放式空心实体；图 6-47c 为封闭式空心实体。下面以图 6-47b 为例进行说明。

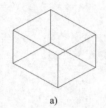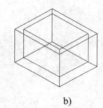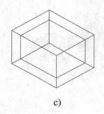

a)　　　　　　　　b)　　　　　　　　c)　　　　　　　　d)

图 6-47　抽壳实体构建示例

a) 实体模型　b) 开放式抽壳　c) 封闭式抽壳　d) 开放式抽壳着色显示

操作步骤如下。

1）在菜单栏中选取"实体"→"抽壳"命令，系统提示选取面或实体。

2）选择"表面"，单击◯按钮或按〈Enter〉键，系统打开如图 6-48 所示的"实体薄壳的设置"对话框，各选项含义如下。

朝内：以实体原表面为基准向内按设置值保留的实体厚度。

图 6-48　"实体薄壳的设置"对话框

朝外：以实体原表面为基准向外按设置值增加的实体厚度，此时实体轮廓尺寸会相应增大。

双向：同时向内和向外抽壳。

输入框用来输入抽壳的厚度值。

3）按图 6-48 设置完后，单击☑按钮，系统完成外壳实体操作，如图 6-47b 所示。

若选取"实体"，结果为封闭式外壳实体，如图 6-47c 所示。

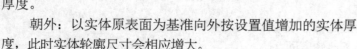

6.8 修剪实体

实体修剪是定义一个平面或选取一个曲面将实体完全切开并设置保留部分。

1）在菜单栏中选取"实体"→"修剪"命令。

2）系统显示"修剪实体"对话框，如图 6-49 所示。其中：

"平面"单选按钮可以选择一个已命名或自定义构图面为剪切面。

"曲面"单选按钮可以选取一个曲面为剪切面。

"薄片实体"单选按钮可以可以选取一个薄壁件进行修剪。

3）选择"平面"单选按钮，系统弹出"平面选项"对话框，如图 6-50 所示。单击
按钮选择 TOP 面，输入 Z 值"20"。

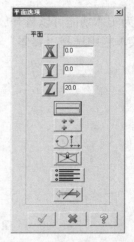

图 6-49 "修剪实体"对话框   图 6-50 "平面选项"对话框

4）此时在绘图区显示一个平面标志，箭头所指方向为保留部分，可以改变法线方向，
单击按钮返回"修剪实体"对话框。

5）在"修剪实体"对话框中单击按钮，可以将图 6-51a 所示实体修剪为如图 6-51b
所示结果。

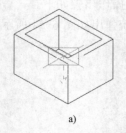   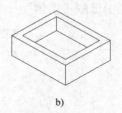

          a)   b)

图 6-51 选择 Z 坐标修剪实体示例

a) 修剪前 b) 修剪后

如果在步骤 3）中选择 Y 选项，输入"–10"，结果如图 6-52 所示。

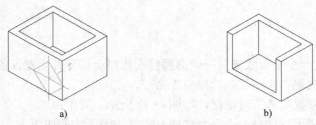

a)   b)

图 6-52   选择 Y 坐标修剪实体示例

a) 修剪前   b) 修剪后

6.9 曲面转为实体

曲面转为实体功能可以将开放或封闭的曲面转换为实体，操作步骤如下。

1）在菜单栏中选择"实体"→"由曲面生成"命令，系统弹出如图 6-53 所示对话框。

图 6-53 "曲面转为实体"对话框

2）按图 6-53 所示完成设置，系统提示选择曲面。

3）选择需要转换的曲面，单击 ◯ 按钮或按〈Enter〉键，完成转换。

6.10 实体加厚

加厚功能可以将由曲面转换而来的实体进行加厚，操作步骤如下。

1）在菜单栏中选取"实体"→"加厚"命令，系统弹出如图 6-54 所示对话框。

图 6-54 "增加薄片实体的厚度"对话框

2）按图 6-54 所示完成设置，系统提示选择实体面。

3）选择需要转换的曲面，单击⬤按钮或按〈Enter〉键，完成转换。

4）系统提示选择方向，选择完毕后确定。

5）得到所要加厚实体，如图 6-55 所示。

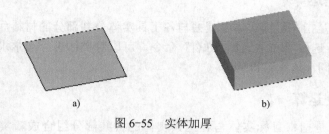

图 6-55　实体加厚

a）实体面　b）加厚

6.11　实体布尔运算

布尔运算是指利用两个或多个已有实体通过求和、求差和求交运算，组合成新的实体并删除原有实体。

图 6-56a 为原两实体；图 6-56b 为布尔求和运算的结果；图 6-56c 为布尔求差运算的结果；图 6-56d 为布尔求交运算的结果。

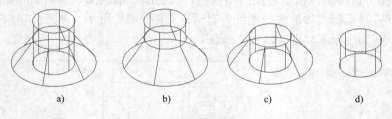

图 6-56　实体布尔运算示例

在菜单栏中选取"实体"，显示"布尔运算"3 个命令，如图 6-57 所示。下面以图 6-56 为例分别进行实体布尔运算。

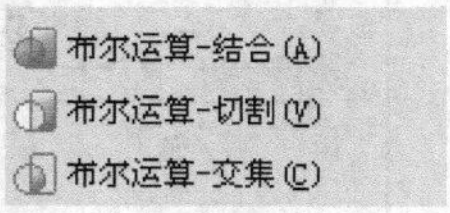

　　　　　　布尔运算-结合(A)
　　　　　　布尔运算-切割(V)
　　　　　　布尔运算-交集(C)

图 6-57　"布尔运算"命令

6.11.1　布尔求和运算

布尔求和运算是指将工具实体的材料加入到目标实体中构建一个新实体。下面以图 6-56b 为例进行说明，操作步骤如下。

1）在菜单栏中选取"实体"→"布尔运算-结合"命令。

2）选取目标实体（圆台）。

3）选取工具实体（圆柱）。

4）单击"确定"按钮，系统完成布尔求和运算，如图 6-56b 所示。

6.11.2　布尔求差运算

布尔求差运算是指在目标实体中减去与各工具实体公共部分的材料后构建一个新实体，如图 6-56c 所示。选取"布尔运算-切割"命令，可以对实体进行布尔求差运算，操作步骤与布尔求和运算相同，这里不再赘述。

6.11.3　布尔求交运算

布尔求交运算是指将目标实体与各工具实体的公共部分组合成新实体，如图 6-56d 所示。选取"布尔运算-交集"命令，可以对实体进行布尔求交运算，其操作方法与布尔求和运算相同，这里不再赘述。

在实体布尔运算中，所选实体如果不是相连的，则运算失败。

此外，还可以进行非相关实体的布尔运算，其与以上相关布尔运算的区别在于，相关布尔运算原实体将被删除，而非相关布尔运算的原实体可以选择保留。

6.12　生成工程图

生成工程图可以将实体模型转换为四视图、三视图、剖视图、轴测图等标准工程图，便于形成技术文件。"绘制实体的设计图纸"对话框如图 6-58 所示。用户可以根据需要生成所需图纸。图 6-59 为使用本功能生成的工程图。

图 6-58　"绘制实体的设计图纸"对话框

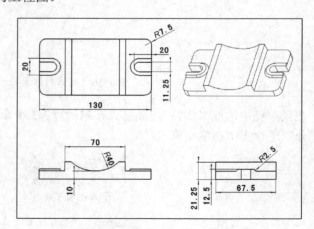

图 6-59　生成工程图

6.13　习题与练习

1. 绘制如图 6-60 所示线架造型。

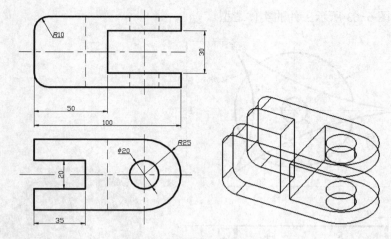

图 6-60 实体造型练习（一）

2. 绘制如图 6-61 所示实体造型。

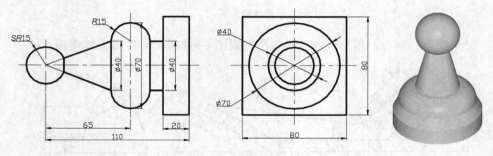

图 6-61 实体造型练习（二）

3. 绘制如图 6-62 所示实体造型，并生成工程图。

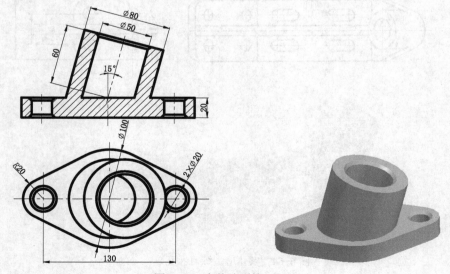

图 6-62 实体造型练习（三）

4. 完成如图 6-63 所示工件的实体造型。

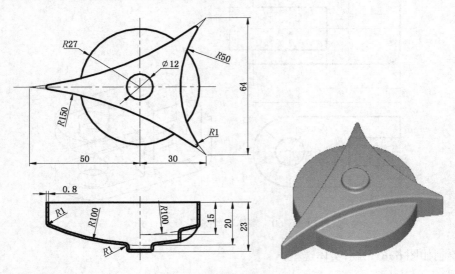

图 6-63　实体造型练习（四）

5. 采用曲面分割与布尔运算的建模方法完成图 6-64 所示零件的实体建模。

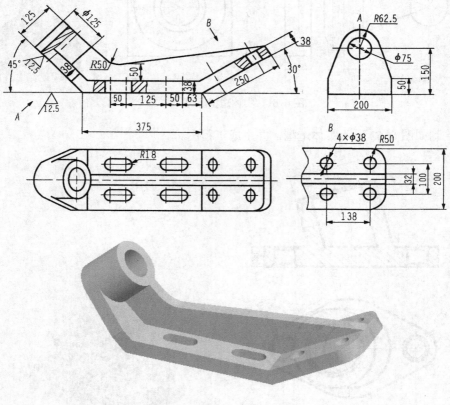

图 6-64　实体造型练习（五）

第 7 章　数控加工基础

由 Mastercam 生成 NC 加工程序，首先要生成 NCI 刀具路径文件，即含有刀具轨迹数据以及辅助加工数据的文件，它是由已建立的工件几何模型生成的，然后由后处理器将零件的 NCI 文件翻译成具体的 NC 加工程序。

在数控机床加工系统中，生成刀具路径之前首先需要对加工工件的大小、材料及刀具等参数进行设置。本章主要介绍在数控铣床加工系统中这些参数的设置方法。

7.1　工件设置

在菜单栏中选取"机床类型"→"铣削"命令，系统显示如图 7-1 所示的"铣削"子菜单。

图 7-1　"铣削"子菜单

铣床的类型主要有以下几种。

默认：系统默认的铣床类型。

MILL 3-AXIS HMC：3 轴卧式铣床。

MILL 3-AXIS VMC：3 轴立式铣床。

MILL 4-AXIS HMC：4 轴卧式铣床。

MILL 4-AXIS VMC：4 轴立式铣床。

选择"机床类型"→"铣削"→"默认"命令，单击"操作管理器"的"属性"中的"材料设置"，弹出如图 7-2 所示的"机器群组属性"对话框。可以使用该对话框进行工件设置。

对于铣床加工，可以采用以下几种方法设置工件外形尺寸。

在"材料设置"选项卡的 X、Y 和 Z 文本框中输入工件长、宽、高的尺寸。

单击"选取对角"按钮，在绘图区选取工件的两个对角点。

单击"边界盒"按钮后，在绘图区选取几何对象，系统用选取对象的包络外形来定义工件的大小。

在 Mastercam 铣床加工系统中，工件坐标原点可以直接在"工件原点"文本框中输入工件原点的坐标，也可单击"手动选择原点"按钮，在绘图区选取一点作为工件的原点。工件上的 8 个角点及上面的中心点都可作为工件的原点，系统用一个指引箭头来指示原点在工件上的位置。将光标移到上述各点的位置上，单击鼠标左键即可将该点设置为工件原点。

在图 7-2 所示"机器群组属性"对话框中选择"显示方式"复选框后，将在屏幕中显示出毛坯边界。进行全屏显示时毛坯边界不作为图形显示。选中"适度化"复选框后，在进行全屏显示操作时，显示对象包括毛坯边界。

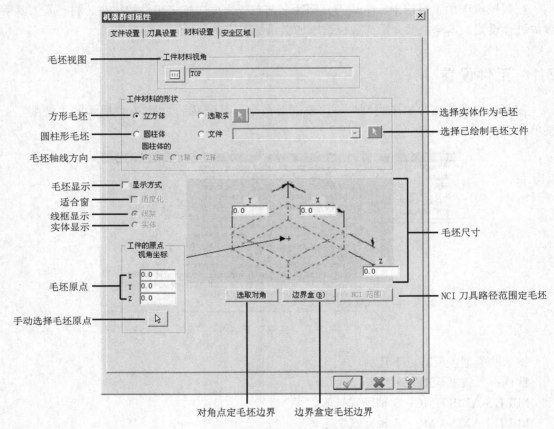

图 7-2 "机器群组属性"对话框

7.2 刀具设置

在生成刀具路径前，首先要选取该加工中使用的刀具。加工作业所用刀具由"刀具管理器"管理。在菜单栏中选取"刀具路径"→"刀具管理器"命令，打开如图 7-3 所示的"刀具管理器"对话框，通过该管理器可以对当前刀具进行设置。

添加刀具时，用户可在"刀具管理器"对话框中的任意位置单击鼠标右键，打开如

图 7-4 所示的快捷菜单。可通过该快捷菜单对刀具进行设置。

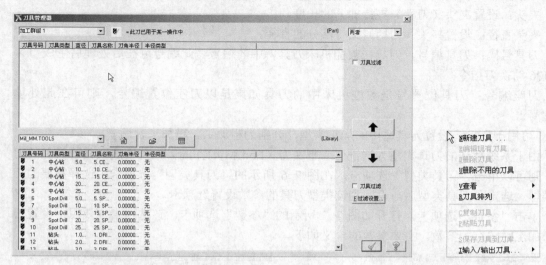

图 7-3 "刀具管理器"对话框   图 7-4 刀具管理器快捷菜单

1. 编辑现有刀具

"编辑刀具"选项用来编辑当前已选刀具的参数。选择该选项后,打开如图 7-5 所示的"定义刀具"对话框。

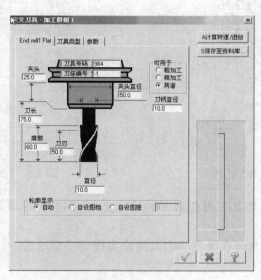

图 7-5 "定义刀具"对话框

对于不同外形的刀具,该对话框的内容不尽相同,一般包括以下几个参数。

直径:刀具直径。

刀刃:刀具切削刃长度。

肩部:刀具从刀尖到切削刃肩部的长度。

刀长:刀具在刀柄外露出的总长度。

刀柄直径：刀柄的直径。

夹头：设置夹头（刀柄）夹持部分的长度。

夹头直径：设置夹头（刀柄）夹持部分的直径。

刀具号码：刀具编号，刀具在数控机床刀具库中的编号。此编号可在后处理后生成 T×
×M06 的换刀指令。

刀座编号：刀具位置号是数控机床中的刀具如果是以刀座位置编号，则可在此处填
入编号。

"可用于"栏：设置刀具适用的加工类型，分别为粗加工、精加工、两者。

由于系统默认的刀具类型为端铣刀"平底刀（End Mill1 Flat）"，若要选取其他类型的刀
具，则可以单击"刀具类型"选项卡，在图 7-6 所示的"刀具类型"选项卡中选择需要的刀
具类型。选定了刀具类型后，返回到该类型刀具的参数设置选项卡。

单击"参数"选项卡，打开如图 7-7 所示的"参数"选项卡。该选项卡主要用于设置刀
具在加工时的有关参数。主要参数的含义如下。

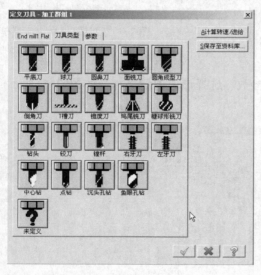

图 7-6 "刀具类型"选项卡

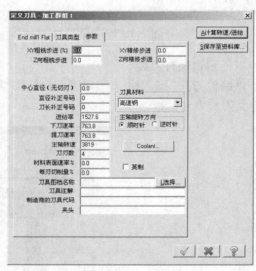

图 7-7 "参数"选项卡

XY 粗铣步进（%）：粗加工时在垂直于刀具进给方向的步距增量，按刀具直径的百分比
计算该步距量。

XY 精修步进：精加工时在垂直于刀具进给方向的步距增量，按刀具直径的百分比计算
该步距量。

Z 方向粗铣步进：粗加工时在沿刀具轴向的步距增量，按刀具直径的百分比计算步
距量。

Z 方向精修步进：精加工时在沿刀具轴向的步距增量，按刀具直径的百分比计算该步
距量。

中心直径（无切刃）：镗孔、攻螺纹时的底孔直径。

半径补正号码：刀具半径补偿号，此号为有刀具半径补偿功能的数控机床中的刀具半径
补偿器号码。

刀长补正号码：刀具长度补偿号，此号为有刀具长度补偿功能的数控机床中的刀具半径补偿器号码。

进给率：进给量。

下刀速率：主轴进刀速率。

提刀速率：主轴退刀速率。

主轴转速：主轴转速。

刀刃数：刀具切削刃的数量。

材质表面速率%：切削速度的百分比。

每刃切削量%：进刀量（每齿）的百分比。

主轴旋转方向：用于设置主轴的旋转方向。

Coolant... 按钮：用于指定加工时的冷却方式。

2．新建刀具

该选项可用来在刀具列表中添加新的刀具，选择后会显示图 7-6 所示的"刀具类型"对话框。

3．删除刀具

选择该项后，在当前刀具管理器列表中删除刀具。

4．保存刀具到刀具库

选择该项后，将选取的刀具添加到刀具库中，此功能可用于自定义刀具的保存。

5．从刀具库中取得

该选项可以从刀具库中选择一个刀具添加到当前刀具列表中。选择该选项后，打开刀具库中列表的"刀具管理器"对话框，在列表中选择一个刀具，双击鼠标左键（或单击 ↑ 按钮）即可将该刀具添加到当前刀具列表中。

由于刀具库中的刀具数量较多，选取刀具时比较困难。为了简化刀具的选取，"刀具管理器"对话框中提供了刀具过滤功能。单击"过滤设置"按钮后，打开图 7-8 所示的"刀具过滤设置"对话框。

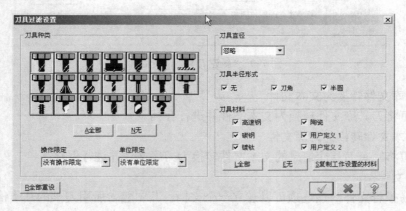

图 7-8 "刀具过滤设置"对话框

可以根据刀具种类、刀具直径、刀具材料等参数进行设置。当选中图 7-3 所示对话框中的"刀具过滤"复选框时，确认后在刀具列表中会列出满足设置条件的所有刀具。"刀具过滤设置"对话框中主要参数的含义如下。

"刀具种类"栏：刀具类型。对话框中显示了 19 种 Mastercam 系统自带的刀具和自定义刀具，用户可以选取一种或几种。

全部：单击该按钮，选择所有类型的刀具。

无：单击该按钮，不选任何类型的刀具。

操作限定：设定显示加工中用到的刀具。

单位限定：设定使用公制刀具还是英制刀具。

"刀具直径"栏：设定刀具的直径范围。

"刀具半径形式"栏：设定刀具圆弧半径类型，包括无、刀角和半圆。

"刀具材料"栏：设定要显示的刀具的材料，包括高速钢、碳钢、镀钛、陶瓷和用户定义 1、用户定义 2。

6．新建刀具库

单击 按钮，打开如图 7-9 所示的"新建刀具库"对话框，用户可以在该对话框中建立新的刀具库。

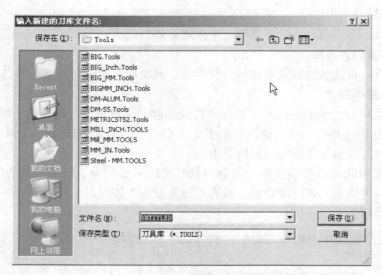

图 7-9 "新建刀具库"对话框

7．将刀库文件转换为文本文件

该选项可将刀具库文件转换为文本文件并进行存档。

8．将文本文件转换为刀库文件

该选项可将写有刀具库信息的文本文件转换为刀库文件并进行保存。

9．报告文件

存为简易报告文件，该选项可以建立一个文档，其中包含所用刀具的基本信息，包括当前刀具库、刀具名、类型、几何参数等信息。

10．存为详细的报告文件

存为详细的报告文档，该选项可以建立一个文档，其中列出所用刀具的详细信息，将有关刀具的基本信息及所有相关信息进行记录。

7.3 材料设置

工件材料的选择会直接影响到进给量、主轴转速等加工参数。工件材料参数的设置与刀具参数设置的方法相似，可以直接从系统材料库中选择要使用的材料，也可以设置不同的参数来定义材料。在"操作管理器"→"属性"中单击"刀具设置"选项中的"选择"按钮，或在菜单栏中选取"刀具路径"→"材料管理器"命令，则可打开如图 7-10 所示的"材料列表"对话框，通过该对话框可以对当前材料列表进行设置并选取工件的材料。

在"材料列表"对话框中的任意位置单击鼠标右键，打开如图 7-11 所示的快捷菜单。通过该快捷菜单可实现对材料列表的设置。

图 7-10 "材料列表"对话框

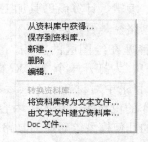

图 7-11 材料列表快捷菜单

1. 从资料库中获得

该选项可以显示材料列表，从中选择要使用的材料并添加到当前材料列表中。

2. 新建

通过设置材料各参数来自定义材料。选择该选项后，打开图 7-12 所示的"材料定义"对话框。通过该对话框可设置毛坯材料的参数。

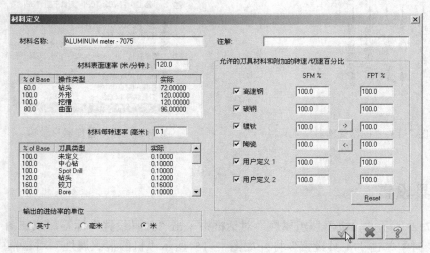

图 7-12 "材料定义"对话框

材料名称：输入材料的名称标识。

材料表面速率：设置材料的基本切削线速度，单位为米/分钟。

材料每转速率：设置材料的基本进给量，单位为毫米。

允许的刀具材料及附加的转速/切速百分比：选择用于加工该材料的刀具材料。可选取一个或多个选项，材料有高速钢、碳钢、镀钛、陶瓷和用户定义1、用户定义2。

输出的进给率的单位：设置进给量所使用的长度单位，分别为英寸、毫米、米。

注解：可为该工件材料输入相关的注释文字。

7.4 操作管理器

对于零件的所有加工操作，可以使用"操作管理器"来进行管理。使用"操作管理器"可以产生、编辑、计算新刀具加工路径，并可以进行加工模拟、仿真模拟、后处理等操作，以验证刀具路径是否正确。

操作管理在绘图区的左侧，单击 刀具路径 打开如图7-13所示的"操作管理器"工具栏。图7-14为打开一个MCX文件时的操作管理器目录树，可以在此管理器目录树中的"属性"子目录中对材料、工具参数进行设置；也可以在"刀具群组"子目录中通过移动某个加工操作的位置来改变加工内容顺序（工步），以通过改变刀具路径参数、刀具及与刀具路径关联的几何模型等对原刀具路径进行修改。

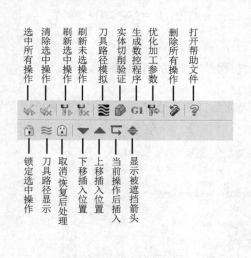

图7-13 "操作管理器"工具栏

图7-14 操作管理器目录树

7.5 工具设置

在图7-2所示的"机器群组属性"对话框中单击"刀具设置"标签，或在图7-14操作管理器目录树中单击"工具设置"打开如图7-15所示"机器群组属性"对话框中的"刀具设置"选项卡，在此选项卡中可以进行以下几类参数的设置：

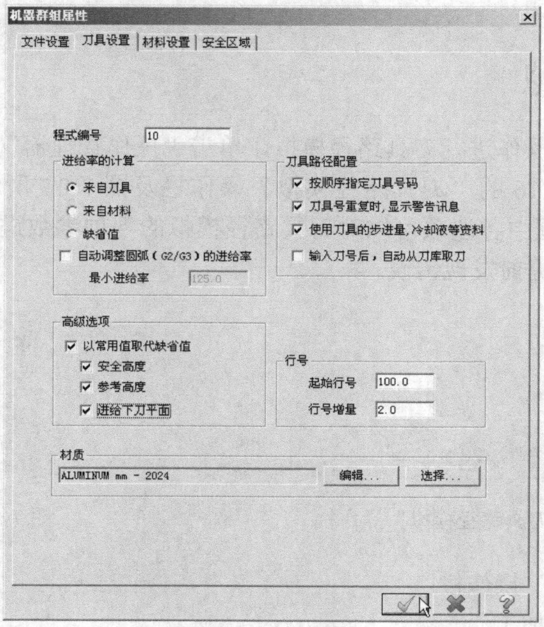

图 7-15 "刀具设置"选项卡

1．进给率的计算

"进给率的计算"栏用来设置在加工时进给量的计算方法。

来自刀具：进给量按刀具的设置参数进行计算。

来自材料：进给量按材料的设置参数进行计算。

缺省值：进给量按系统设置的默认参数进行计算。

自动调整圆弧（G2/G3）的进给率：按"最小进给率"文本框设置的进给率值自动调整刀具的切向进给量。

2．刀具路径配置

按顺序指定刀具号码：在设置当前刀具列表时，系统自动依序指定刀具号。

刀具号重复时，显示警告讯息：当使用的刀具号有重复时，系统显示警告讯息。

使用刀具的步进量，冷却液等资料：加工中使用刀具的步距、步进、冷却设置等参数。

输入刀号后，自动由刀库取刀：当在"定义刀具"选项卡中输入刀具号时，系统自动使用刀具库中对应刀具号的刀具。

3．高级选项

在"高级选项"栏中，可以通过选择"安全高度"、"参考高度"、"进给下刀平面"复选框确定是否使用常用值取代默认值。

4．行号

起始行号：对后处理过程中生成的 NC 代码的起始行号进行设置。

行号增量：设置后处理过程中生成的 NC 代码行号的增值。

5．材质

"材质"栏中各项的操作与 7.3 节内容相同。

7.6　刀具路径模拟

对一个或多个所示操作进行刀具路径模拟，单击"操作管理器"中的"刀具路径模拟"图标，可出现如图 7-16 的"刀具路径模拟"操作栏及图 7-17 所示的"刀路模拟"对话框。"刀路模拟"对话框中各选项可以对刀具路径模拟的各项参数进行设置。该功能可以在机床加工前进行检验，提前发现错误。

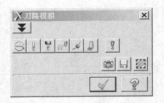

图 7-16　"刀具路径模拟"操作栏　　　　　　　　图 7-17　"刀路模拟"对话框

1．"刀具路径模拟"操作栏

▶：开始连续仿真加工。

■：暂停仿真加工。

◄◄：结束当前仿真加工，返回到初始状态。

◄◄：单击该图标一次，刀具就回退执行一次走刀。

▶▶：单击该图标一次，刀具就步进执行一次走刀，即执行 NC 加工程序中的一行。

▶▶▶：快速仿真，不显示加工过程，直接显示加工结果。

⟋：跟踪模式，逐步显示执行段的刀具路径。

⟋：执行模式，执行时显示全部的刀具路径。

'——⟩——'：速度质量滑动条，提高模拟速度（降低模拟质量）或提高模拟质量（降低模拟速度）。

2．刀路模拟设置

⊖：着色验证，将刀具所移动的路径着色显示。

⫞：显示刀具，该图标被设置为按下时，在路径模拟过程中显示出刀具。

Ⱶ：显示夹头，当"显示夹头"图标被设置为按下时，在路径模拟过程中显示出刀具的夹头，以便检验加工中刀具和刀具夹头是否会与工件碰撞。

▦：显示下刀刀路，显示以 G00 方式下刀时的刀具路径。

⟋：显示路径，显示几何图形端点刀具路径。

⬤：着色刀具路径，将刀具路径着色显示。

❗：参数设定，提供显示刀具及路径的相关参数设置。

7.7　仿真加工

在"操作管理器"中选择一个或几个操作，生成刀具路径后，可以单击"实体切削验证（⬢）"按钮，在绘图区显示出工件和图 7-18a 所示"实体切削验证"对话框，这时可以对选取的操作进行仿真加工操作，如图7-18b所示。

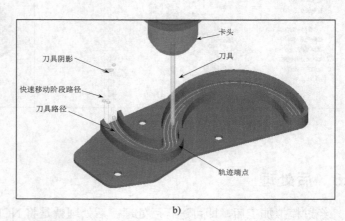

图7-18 "实体切削验证"对话框和仿真加工

a) "实体切削验证"对话框 b) 仿真加工

"实体切削验证"对话框中各按钮的功能如下。

⏮：结束当前的仿真加工，返回初始状态。

▶：开始连续仿真加工。

■：暂停仿真加工。

⏭：步进加工，步进量可以为1个程序段或多个，步进量通过"实体切削验证"对话框中的"每次手动时的位移数"文本框进行设置。

⏩：不显示加工过程，直接显示加工结果。

📖：单击该按钮，打开如图7-19所示的"验证选项"对话框，该对话框用来设置仿真加工中的工件、刀具等参数。

✎：显示工件的截面。仅对标准仿真加工有效。单击该按钮，用鼠标单击工件上将要剖切的位置，然后在需要留下的工件部分单击一下，即可显示出剖面图。

�📏：测量工件的尺寸。

⟋："准确缩放"按钮，仅对"使用真实实体"仿真加工有效。仿真完成后单击该按钮，然后单击主窗口工具栏中的"缩放"按钮，可对图形进行任意缩放。

🖫：素材以文件形式存储。

🚶 —— 🏃：滑动条，设置仿真加工的演示速度。

图7-20为工件仿真加工后的结果。

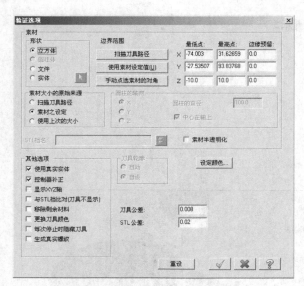

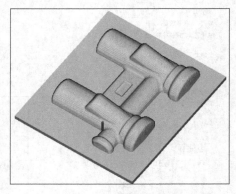

图 7-19 "验证选项"对话框　　　　　　　　图 7-20　仿真加工结果

7.8　后处理

经过模拟加工后，即可进行后处理。后处理就是将 NCI 刀具路径文件翻译成数控 NC 程序。在"操作管理器"中单击 **G1** 图标，这时打开如图 7-21 所示的"后处理程式"对话框。用该对话框来设置后处理中的有关参数。

图 7-21　"后处理程式"对话框

用户应根据机床数控系统的类型选择相应的后处理器，系统默认的后处理器为 MPFAN.PST（FANUC 控制器）。若要使用其他的后处理器，可以通过"机床类型"→"后处理类型"命令，选择与用户数控系统相对应的后处理器后，单击"打开"按钮，系统即用该后处理器进行后处理。

"NCI 文件"栏和"NC 文件"栏可以通过设置各参数来对后处理过程中生成的 NCI 和 NC 文件进行设置。选中"覆盖"单选按钮时，系统自动对原 NCI 文件和 NC 文件进行更新；当选中"覆盖前询问"单选按钮时，若存在相同名称的 NC 文件，系统会在覆盖前提示是否覆盖；选中"编辑"复选框时，生成 NCI、NC 文件后自动打开文件编辑器，用户可以查看和编辑 NCI 文件和 NC 文件。编辑器中生成的 NC 文件如图 7-22 所示。

图 7-22 NC 文件编辑器

7.9 加工报表

由上述操作生成数控程序后，还可以生成一个数控加工工艺文件，为生产加工人员提供各种与加工有关的数据，这就是加工报表。

选择"操作管理器目录树"→"快捷菜单"→"加工报表"，即可产生加工报表。加工报表包含了程序名称、建立时间、材料、刀具信息、加工范围等数控加工工艺信息，如图 7-23 所示。

图 7-23 加工报表

7.10 习题与练习

1．按 7.1 节中毛坯外形尺寸设定的几种方法上机操作，设置自定尺寸的工件。

2．调出刀具过滤器，对它进行刀型、材料等参数设置。

3．选择一个已有的 MCX 文件（可打开 MCX 中 MILL\SAMPLES 中的示例文件），如图 7-24 所示，进行刀具路径模拟，仿真模拟操作。

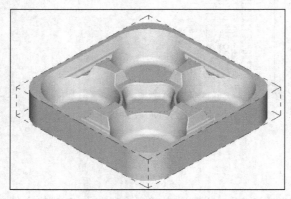

图 7-24 练习图例

第8章 二维铣削加工

与其他软件相比，Mstercam 最具特色的就是它的二维铣削加工。该功能用来生成二维刀具加工路径，包括外形铣削、挖槽、钻孔、平面铣削、全圆铣削等加工路径。各种加工模式生成的刀具路径一般由加工刀具、加工零件的几何模型及特定参数来定义。有关刀具共同参数的设置在第 7 章已经进行了介绍。本章将重点介绍二维铣削加工的功能及使用方法。

8.1 外形铣削

外形铣削可以由工件的外形轮廓产生加工路径，一般用于二维工件轮廓的加工。二维外形铣削刀具路径的切削深度是固定不变的。

用户可以通过两种方式新建刀具路径。在菜单栏中选取"刀具路径"→"外形铣削"命令，或者在"操作管理器"中，单击鼠标右键，在弹出的快捷菜单中选择"刀具路径群组"→"刀具路径"→"外形铣削"命令。在绘图区采用串连方式对几何模型串连后单击 ✓ 按钮，系统弹出"外形（2D）"对话框，如图 8-1 所示。每种加工模式都需要设置一组刀具参数，可以在"刀具参数"选项卡中进行设置。如果已设置刀具，将在选项卡中显示出刀具列表，可以直接在刀具列表中选择已设置的刀具。如列表中没有设置刀具，可在刀具列表中单击鼠标右键，通过快捷菜单来添加新刀具。添加刀具的方法在第 7 章已介绍。"刀具参数"选项卡中的有关刀具参数文本框的含义与刀具设置中的相同。下面对本选项卡中的有关按钮进行介绍。

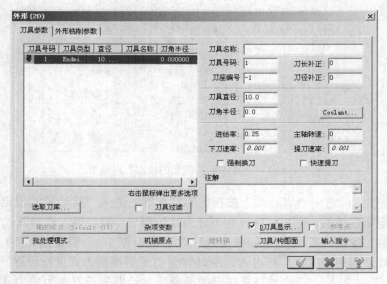

图 8-1 "外形（2D）"对话框

1."机械原点"按钮

选中"机械原点"按钮，即可打开"原点位置-用户定义"对话框，如图8-2所示。用户可以直接输入机械原点的X、Y、Z坐标值，或单击 S选取... 按钮在绘图区选取一点。

2."参考点"按钮

选中"参考点"按钮前的复选框，单击该按钮即可打开"参考点"对话框，如图8-3所示。该对话框用来设置进刀点与退刀点的位置，"进刀点"复选框组用于设置刀具的起点，"退刀点"复选框用来设置刀具的停止位置。可以直接在文本框中输入或单击"选择"按钮，然后在绘图区选取一点。

图8-2 "原点位置-用户定义"对话框

图8-3 "参考点"对话框

3．其他按钮

单击"刀具参数"选项卡中的"刀具/构图面"按钮，可通过"刀具面/构图面的设定"对话框来设置刀具面、构图面或工件坐标系的原点及视图方向，如图8-4所示。

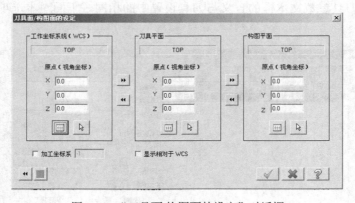

图8-4 "刀具面/构图面的设定"对话框

"旋转轴"按钮：选中"旋转轴"按钮前的复选框，进入"旋转轴的设定"对话框。旋转轴是用来设定第四轴的，所提供的设定可分为旋转形式、旋转轴、轴的取代3种。

"杂项变数"按钮：可通过"杂项变数"对话框设置10个整变数和10个实变数杂项值，用于对后处理器中的工件坐标形式、绝对/增量方式等编程方式进行设置。

"刀具显示"按钮：可通过"刀具显示的设置"对话框来设置在生成刀具路径时刀具的

显示方式。

"输入指令"按钮：可通过"输入指令"对话框来设置在生成的数控加工程序中插入预设的辅助功能指令。

8.1.1 加工类型

外形铣削加工除了要设置所有加工共有的刀具参数外，还需设置一组其特有的参数。在"外形（2D）"对话框中单击"外形铣削参数"标签，系统打开"外形铣削参数"选项卡，如图 8-5 所示，可以在该选项卡中设置有关参数。

单击"外形铣削参数"选项卡左下角的"外形铣削类型"下拉列表，外形铣削加工可以选择如图 8-6 所示的"2D"、"2D 倒角"、"斜线渐降加工"和"残料加工"4 种形式。

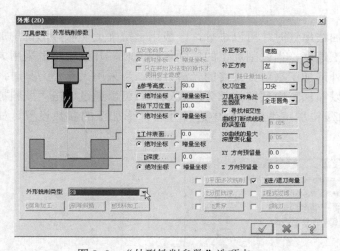

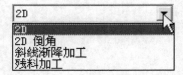

图 8-5　"外形铣削参数"选项卡　　　　　图 8-6　"外形铣削类型"下拉列表框

1．2D（二维外形铣削加工）

当进行二维外形铣削加工时，整个刀具路径的铣削深度是相同的，其坐标数值可设置为绝对坐标或增量坐标两种。

2．2D 倒角

该加工一般需安排在外形铣削加工完成后，用于加工的刀具必须选择成型铣刀。用于倒角时，角度由刀具决定，倒角的宽度可以通过单击 倒角加工 按钮，在打开的"倒角加工"对话框中进行设置，如图 8-7 所示。

3．斜线渐降加工

该加工当选取二维曲线串连时才可以进行，一般用来加工铣削深度较大的外形。在进行斜线渐降加工时，可以选择不同的走刀方式。激活 渐降斜插 按钮，打开如图 8-8 所示的"外形铣削的渐降斜插"对话框。系统提供了"角度"、"深度"、"垂直下刀"3 种下刀方式，当选中"角度"、"深度"单选按钮时，都为斜线走刀方式；而选中"垂直下刀"单选按钮时，刀具先进到设置的铣削层的深度，然后在 XY 平面移动。对于"角度"和"深度"，定义刀具路径与 XY 平面的夹角方式各不相同，"角度"直接采用设置的角度，而"深度"是设置每一层铣削的"斜插深度"。

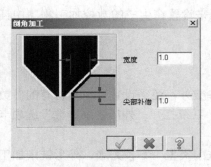

图 8-7 "倒角加工"对话框

图 8-8 "外形铣削的渐降斜插"对话框

4. 残料加工

残料外形加工也是当选取二维曲线串连时才可以进行，一般用于铣削上一次外形铣削加工后留下的残余材料。为了提高加工速度，当铣削加工的铣削量较大时，开始时可以采用大尺寸刀具和大进给量，再采用残料外形加工来得到最终的光滑外形。当采用大直径刀具时，造成在转角处的材料不能被铣削或以前加工中预留的部分形成残料。可以通过单击"残料加工"按钮，在打开的"外形铣削的残料加工"对话框中进行残料外形加工的参数设置，如图 8-9 所示。

图 8-9 "外形铣削的残料加工"对话框

8.1.2 高度设置

铣床加工各模式的参数设置中均包含有高度参数的设置。高度参数包括安全高度、参考高度、进给下刀位置、工件表面和深度，如图 8-5 所示。

"安全高度"按钮：安全高度是指在此高度之上刀具可以进行任意水平移动而不会与工件或夹具发生碰撞，一般设为离工件表面最高位置 20～50mm。

"参考高度"按钮：参考高度是指开始下一个刀具路径前刀具回退的位置，一般设为离工件表面最高位置 5～20mm。

"进给下刀位置"按钮：进给下刀位置是指刀具从安全高度或参考高度以 G00 方式快速移动到的位置，一般设为离工件表面最高位置 2～5mm。

"工件表面"按钮：工件表面是指工件上表面的高度值。

"深度"按钮：即切削深度，指工件要加工到的深度。

上述所有的高度（深度）值都可以采用"绝对坐标"和"增量坐标"两种方法来设置。

8.1.3　刀具补偿

刀具补偿是指将刀具路径从选取的工件加工边界上按指定方向偏移一定的距离。有关参数可以在如图 8-5 所示的"外形铣削参数"选项卡中设置。

1．补正形式

可在"补正形式"下拉列表框中选择补正的类型，系统提供了 5 种补正方式。

"电脑"方式：由计算机计算进行刀具补偿后的刀具路径。

"控制器"方式：刀具路径的补偿不在 CAM 中进行，而在生成的数控程序中产生 G41、G42 刀具半径补偿指令，由数控机床进行刀具补偿。

"两者"方式：系统同时采用计算机补正和控制器补正方式，且补正方向相同。

"两者反向"方式：系统采用计算机和控制器反向补正方式，即在"补正方向"下拉列表框中"选择"左补正时，系统在 NC 程序中输出反向补正控制代码 G42（右补正）；当选择右补正时，系统在 NC 程序中输出反向补正控制代码 G41（左补正）。

"关"方式：系统在生成的刀具路径和 NC 程序中不进行任何补偿。

2．补正方向

可在"补正方向"下拉列表框中选择刀具补正的方向，可以将刀具补偿设置为"左"刀补或"右"刀补。

3．补正位置

以上介绍的是刀具在 XY 平面内的补偿方式，还可以在"校刀位置"下拉列表框中设置刀具在长度方向的刀位点位置。选择"球心"补正至刀具端头中心，选择"刀尖" 补正至刀具的刀尖。生成的刀具路径根据补偿方式而不同。

4．转角设置

可以用"刀具在转角处走圆弧"下拉列表框来选择在转角处刀具路径的方式。选择"不走圆角"选项时，转角处不采用圆弧过渡；选择"<135 度走"选项时，当夹角小于 135°时采用弧形刀具路径；选择"全走圆角"选项时，在所有的转角处均采用弧形刀具路径。

8.1.4　分层铣深

在机械加工中，考虑到机床及刀具系统的刚性，或为了达到理想的表面加工质量，可对加工余量较大的毛坯采用多次走刀进行加工。一般铣削的厚度较大时，可以采用分层铣削。

选中 分层铣深... 按钮前的复选框后单击该按钮，打开如图 8-10 所示的"深度分层切削设置"对话框，可以用该对话框来设置深度分层铣削的参数。

其中，"最大粗切步进量"文本框用于输入粗加工时的最大切削深度；"精修次数"文本框用于输入精加工的次数；"精修步进量"文本框用于输入精切削时的最大切削深度；"不提刀"复选框用来设置刀具在每一层切削后，是否回到下刀位置的高度，当选中该复选框时，刀具从当前层深度直接移到下一层的切削深度；若未选中该复选框，则刀具先回到下刀位置的高度，再移到下一层的切削深度。

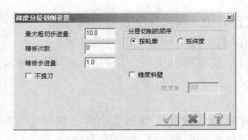

图 8-10 "深度分层切削设置"对话框

"分层切削的顺序"栏用于设置深度铣削的顺序。选中"按轮廓"单选按钮时,将一个外形铣削到设定的铣削深度后,再铣削下一个外形;当选中"按深度"单选按钮时,将一个深度上所有的外形进行铣削后再进行下一个深度的铣削。

当选中"锥度斜壁"复选框时,按"锥度角"文本框中设定的角度从工件表平面铣削刀具路径到最后深度。

8.1.5 平面多次铣削

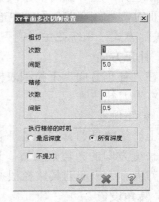

选择 平面多次铣削 按钮前的复选框后单击该按钮,系统打开如图 8-11 所示的"XY 平面多次切削设置"对话框。平面多次铣削中刀具将直接到达加工深度,然后沿轮廓进给,进给的次数是粗铣次数加上精铣次数,在 X 方向与 Y 方向的切削深度与设置的粗铣或精铣铣削间距相同。参数设置与深度分层铣削参数设置方法基本相同。在"执行精修的时机"栏中,选择"最后深度"单选按钮将在达到"深度分层切削设置"中设定的切削深度后进行精铣;选择"所有深度"单选按钮将在达到"深度分层切削设置"每层粗铣后都进行精铣削。

图 8-11 "XY 平面多次切削设置"对话框

8.1.6 进/退刀设置

在外形铣削加工中,为了使刀具平稳地进入和退出工件,可以在外形铣削前和完成外形铣削后添加一段进 / 退刀刀具路径。进 / 退刀刀具路径由一段直线刀具路径和一段圆弧刀具路径组成。直线和圆弧的外形可由如图 8-12 所示的"进 / 退刀向量设置"对话框来设定。

在"直线"栏中可以通过设置按"长度"、"斜向高度"、"垂直"或"相切"选项来定义直线刀具路径。当选中"垂直"单选按钮时,直线刀具路径与其相近的刀具路径垂直;当选中"相切"单选按钮时,直线刀具路径与其相近的刀具路径相切。

在"圆弧"栏中通过设置"半径"、"扫描角度"和"螺旋高度"来定义圆弧刀具路径。这种方式可以获得比较好的加工表面质量,通常在精加工中使用。

"重叠量"文本框:指退刀前刀具仍沿刀具路径的终点向前切削的距离值,即退刀直线(或圆弧)与进刀直线(或圆弧)在刀具路径上的重叠量。

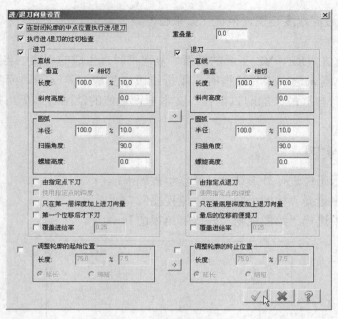

图 8-12 "进 / 退刀向量设置"对话框

8.1.7 过滤设置

Mastercam 可以对 NCI 文件进行程序过滤，系统通过清除重复点和不必要的刀具移动路径来优化和简化 NCI 文件。选中单击"程式过滤"按钮前的复选框后，单击该按钮，打开如图 8-13 所示的"程式过滤的设置"对话框。

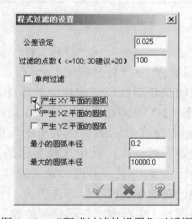

图 8-13 "程式过滤的设置"对话框

1. 优化误差

"公差设定"文本框用于输入进行操作过滤时的误差值。当刀具路径中某点与直线或圆弧的距离小于或等于该误差值时，系统将自动去除到该点的刀具移动。

2. 优化点数

"过滤的点数"文本框用于输入每次过滤时可删除点的最多数值，其取值范围为 3～

1000。取值越大，过滤速度越快，但优化效果越差。

3. 优化类型

当选中"产生 XY(XZ、YZ)平面的圆弧"复选框时，生成的程序中将用圆弧代替折线段来生成刀具路径；当未选中该复选框时，用折线段来生成刀具路径。但当圆弧的半径超出"最小的圆弧半径"与"最大的圆弧半径"文本框设置值的范围时，仍用折线段来生成刀具路径。

8.1.8 外形铣削实例

对图 8-14 所示工件进行外形铣削。操作步骤如下：

1）在工具栏中选择"构图平面"→"俯视图"。

2）在工具栏中选择"绘图视角"→"等角视图"。

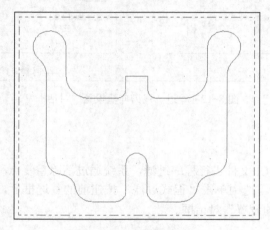

图 8-14 外形铣削工件

3）调取文档，在菜单栏中选取"文件"→"打开文件"命令。

4）在菜单栏中选取"刀具路径"→"外形铣削"命令。

5）单击"串连"，用鼠标捕获轮廓线，完成轮廓的串连，单击 ☑ 按钮，完成外形串连。完成串连后立即进入"外形（2D）"对话框，如图 8-1 所示。

6）如图 8-1 所示，按鼠标右键在显示的快捷菜单中，选"刀具管理器"或"新建刀具"命令，则进入"刀具管理器"对话框，从中选择要用的刀具，单击 ☑ 按钮，返回至"定义刀具"对话框，系统显示已选的刀具，并在"定义刀具"对话框中完成所有参数的设置。"定义刀具"对话框的各项已在前面进行了详细说明。

7）设定外形铣削参数，在图 8-1 中单击"外形铣削参数"选项卡，在"外形铣削"类型下拉列表框中设置加工方式为"2D"，铣削深度为-12mm。

8）设"平面多次切削"参数，按图 8-15 所示内容设置参数，即 X Y 方向粗加工 8 次，切削量 5.0mm，精加工 2 次，切削量 0.5mm。

9）设置"Z 轴分层切削"参数，按图 8-16 所示内容设置参数，即最大粗切步进量 3mm，精修次数 1 次，精修步进量 0.5mm。

10）设定参数后，按 ☑ 按钮，则在图上生成刀具路径，如图 8-17 所示。

图 8-15 "XY 平面多次切削设置"对话框

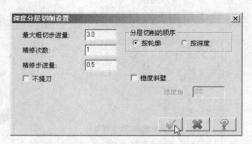

图 8-16 "深度分层切削设置"对话框

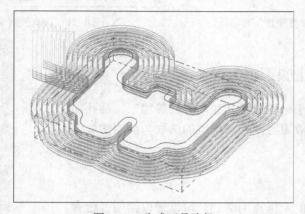

图 8-17 生成刀具路径

11）在"操作管理器"中单击 G1 图标，出现"后处理程式"对话框。

12）单击 √ 按钮，系统提示选择另存文档路径，直接单击"保存"按钮，当显示是否替换旧文件时，单击"是"按钮，如图 8-18 所示。

图 8-18 "另存为"提示框

13）此时即可生成如图 8-19 所示的 NC 数控加工程序。

图 8-19 NC 数控加工程序

14）选择"操作管理器"对话框，如图 8-20 所示。可以在此对话框中进行加工参数修改、串连修改、刀具轨迹检验、仿真检验等操作。

15）在"操作管理器"对话框中单击"实体切削验证"按钮 ◉，在出现的"实体切削验证"工具栏中单击 ▶ 按钮开始仿真切削加工，仿真的结果如图 8-21 所示。

图 8-20　"操作管理器"对话框

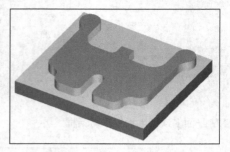

图 8-21　仿真的结果

8.2　钻孔与镗孔加工

钻孔加工主要用于钻孔、镗孔和攻螺纹等加工。钻孔加工有一组其特有的参数设置，几何模型的选取与前面的加工模式有很大的不同。

8.2.1　点的选择

钻孔加工中使用的定位点为圆心。可以选取绘图区已有的点，也可以构建一定排列方式的点。选择"刀具路径"→"钻孔"命令，系统弹出"选取钻孔点"对话框。该对话框提供了多种选取钻孔中心点的方法，如图 8-22 所示。

图 8-22　"选取钻孔点"对话框

　　　　　：手动选取，手工方法选取钻孔中心。

自动选取：根据系统提示选取第一点、第二点和最后一点，系统即自动产生钻孔刀具路径。

排序：用来设置钻孔中心点的排序方式，系统提供了 17 种 2D 排序、12 种旋转排序和 16 种交叉断面排序方式，如图 8-23 所示。

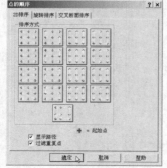

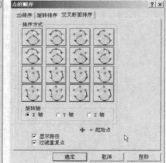

图 8-23　设置钻孔中心点的排序方式

"图样"：选择"图样"复选框，该选项有"栅格点"和"圆周点"两种安排钻孔中心点的方法，其使用方法与"点"命令中对应选项相同，如图 8-24 和图 8-25 所示。

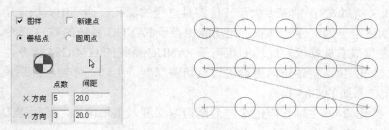

图 8-24　栅格阵列产生钻孔点

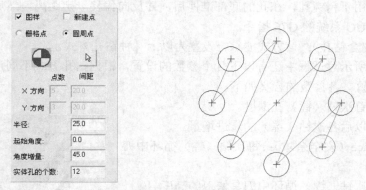

图 8-25　圆周阵列产生钻孔点

8.2.2　钻孔参数

钻孔加工共有 20 种钻孔循环方式，包括 8 种标准方式和 12 种自定义方式，如图 8-26 所示。其中常用的 8 种标准钻孔循环方式如下。

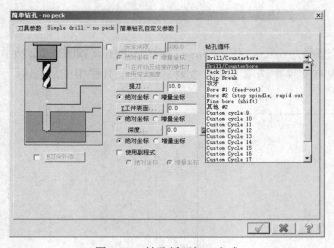

图 8-26　钻孔循环加工方式

Drill/Counterbore（深孔钻）：钻深孔或镗盲孔，钻深度一般小于三倍刀具直径。此功能相当于 FANUC 系统的 G81/G82 指令。

Peck Drill（深孔啄钻）：钻深度大于三倍刀具直径的深孔，循环中有快速退刀动作，退至参考高度后再次进给下刀，便于排屑。此功能相当于 FANUC 系统的 G83 指令。

Chip Break（断屑式）：钻深度大于三倍刀具直径的深孔，循环中有快速退刀动作，回退设定高度后再次进给下刀，便于排屑。此功能相当于 FANUC 系统的 G73 指令。

攻牙：攻左旋或右旋螺纹。此功能相当于 FANUC 系统的 G74/G84 指令。

Bore #1（镗孔 1）：主轴正向进给进刀至切削深度，主轴不停转，然后反向进给。此功能相当于 FANUC 系统的 G85 指令。

Bore #2（镗孔 2）：主轴正向进给进刀至切削深度，主轴停转，然后退刀。此功能相当于 FANUC 系统的 G86 指令。

Fine bore：用于精镗孔，在孔的底部准停后，并反向偏移一定距离，然后快速退刀。此功能相当于 FANUC 系统的 G76 指令。

其他 #2（混合钻孔）：该方式能综合设置为以上几种钻孔方式。

在图 8-26 所示对话框中还有以下几个参数的设置，根据钻孔方式不同，可以对部分或全部参数进行设置。各参数的含义如下。

首次啄钻：首次钻（镗）孔深度。

副次啄钻：以后各次钻（镗）的步进增量。

Peck clearance（安全余隙）：每次钻（镗）循环中刀具快进的增量。

回退量：每次钻（镗）循环中刀具快退的高度。

停留时间：刀具暂留在孔底部的时间。

偏移值：提刀偏移量，精加工刀具在孔底的反向偏移距离。

刀尖补偿：钻孔刀具刀尖补偿设置，主要是设置贯穿距离以确保刀具钻穿工件，如图 8-27 所示。

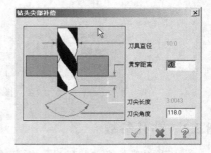

图 8-27 "钻头尖部补偿"对话框

8.2.3 钻孔实例

在平面上钻 8 个直径为 6 mm、孔深 25mm 圆周排列的孔，如图 8-28a 所示。操作步骤如下：

1）绘制或从现有文件中选取.MCX 文件，单击工具栏中的 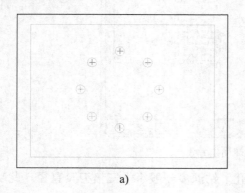 图标，设置为等角视图，如图 8-28b 所示。

a)

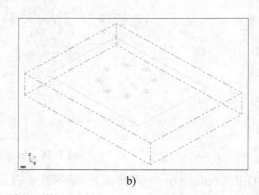

b)

图 8-28 钻孔工件

2）在菜单栏中选取"刀具路径"→"钻孔"命令。

3）在"选取钻孔点"对话框中单击"窗选"按钮，用鼠标将要加工的孔选取在矩形框内。

4）单击 ☑ 按钮，在"刀具参数"选项卡中设置刀具参数，选直径为6mm的钻头。

5）在Peck drill-full retract选项卡中选择"深孔啄钻"钻孔循环加工方式，如图8-29所示。

6）设置钻孔深度为−25mm，单击 ☑ 按钮。

7）在"操作管理器"中选择"材料设置"项，设置工件参数，选择材料，如图8-30所示。

8）在"操作管理器"中单击 ≋ 图标，将出现如图8-31所示的刀具路径。

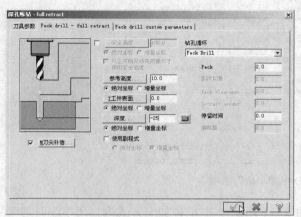

图8-29 Peck drill-full retract 选项卡

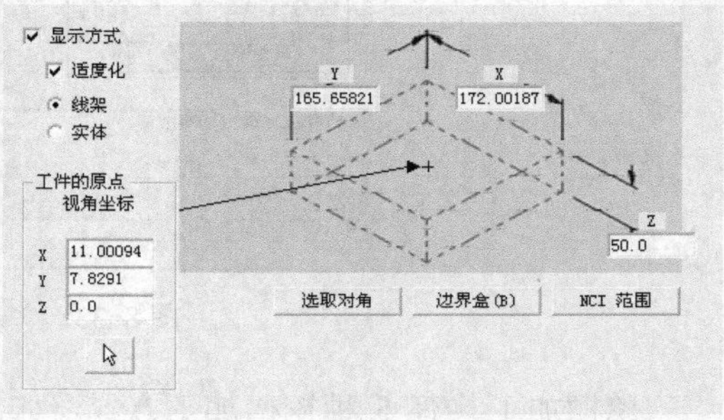

图8-30 "工件设置"对话框

9）在"操作管理器"中单击 🗐 按钮，再单击 ▶ 按钮开始切削加工，如图8-32所示。

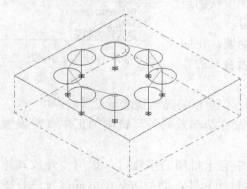

图8-31 刀具路径

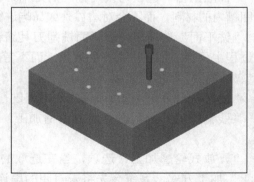

图8-32 仿真检验结果

8.3 挖槽铣削加工

挖槽加工主要用来切削沟槽形状或切除封闭外形所包围的材料。用来定义外形的串连可以是封闭串连也可以是不封闭串连，但每个串连必须为共面串连且平行于构图面。在挖槽加工参数设置中加工通用参数与外形加工设置一致，下面仅介绍其特有的挖槽参数和粗/精加工参数的设置。

8.3.1 挖槽铣削参数

绘制或打开一个有槽型结构的图形。在菜单栏中选取"刀具路径"→"挖槽"命令，在绘图区选取串连后，单击 ✓ 按钮确定。打开"挖槽"对话框，单击"2D 挖槽参数"标签，打开"2D 挖槽参数"选项卡，如图 8-33 所示。

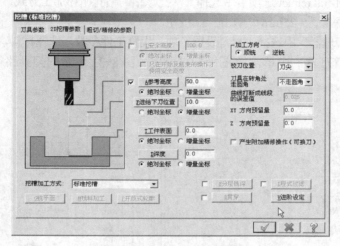

图 8-33　"2D 挖槽参数"选项卡

挖槽加工共有 5 种挖槽加工方式，如图 8-34 所示。前 4 种加工方式为封闭串连时加工方式；当在选取的串连中有未封闭的串连时，则仅能选择"开放式轮廓加工"加工方式。

"标准挖槽"选项为采用标准的挖槽方式，即仅铣削定义凹槽内的材料，而不会对边界外或岛屿进行铣削。

"铣平面"选项相当于平面铣削刀具路径的功能，在加工过程中只保证加工出选择的表面，而不考虑是否会对边界外或岛屿的材料进行铣削。

图 8-34　挖槽加工中的加工方式

"使用岛屿深度"选项不会对边界外进行铣削，但可以将岛屿铣削至设置的深度。

"残料加工"选项进行残料挖槽加工，其设置方法与残料外形铣削加工中参数设置相同。

"开放式轮廓加工"选项，当在选取的串连中有未封闭的串连时，选用"开放式轮廓加工"加工方式，系统会先将未封闭的串连进行封闭处理，然后对封闭后的区域进行挖槽加工。

选择"使用岛屿深度"加工方式后单击 ___G铣平面___ 按钮，可通过打开的"面加工"对话框来设置岛屿加工的深度，如图 8-35 所示。该对话框中的"岛屿上方预留量"文本框用于输入岛屿的最终加工深度，该值一般要高于凹槽的铣削深度。"面加工"对话框其他参数的含义与外形铣削加工中对应参数相同。

由于在挖槽加工的"使用岛屿深度"加工方式中增加了岛屿深度设置，所以在其深度分层铣削设置的"分层铣深设置"对话框中增加了一个"使用岛屿深度"复选框，如图 8-36 所示。若选中该复选框，当铣削的深度低于岛屿加工深度时，先将岛屿加工至其加工深度，再将凹槽加工至其最终加工深度；若未选中该复选框，则先进行凹槽的下一层加工，然后将岛屿加工至岛屿深度，最后将凹槽加工至其最终加工深度。

图 8-35　"面加工"对话框

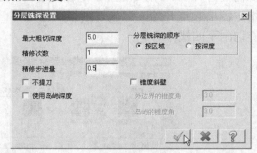

图 8-36　"分层铣深设置"对话框

使用"开放式轮廓加工"加工方式。单击"开放式轮廓"按钮，打开如图 8-37 所示的"开放式轮廓挖槽"对话框。该对话框用于设置封闭串连方式和加工时的走刀方式。"刀具重叠的百分比"和"重叠量"文本框中的数值是相关的。当其数值设置为 0 时，系统直接用直线连接未封闭串连的两个端点；当设置值大于 0 时，系统将未封闭串连的两个端点连线向外偏移设置的距离后形成封闭区域。当不选"使用开放轮廓的切削方法"复选框时，可以选择"粗切/精修的参数"选项卡中的走刀方式，否则采用开放式轮廓挖槽加工的走刀方式。

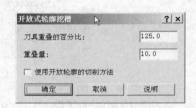

图 8-37　"开放式轮廓挖槽"对话框

8.3.2　粗加工参数

在挖槽加工中加工余量一般比较大，可通过设置粗/精加工参数来提高加工效率。在"挖槽"对话框中单击"粗切/精修的参数"标签，选项卡如图 8-38 所示。

选中"粗切/精修的参数"选项卡中的"粗切"复选框，则在挖槽加工中，先进行粗切削。Mastercam X 提供了 8 种粗切削的走刀方式：双向切削、等距环切、平行环切、平行环切清角、依外形环切、高速切削、单向切削和螺旋切削。这 8 种切削方式又可分为直线切削及螺旋切削两大类。

直线切削包括双向切削和单向切削。双向切削产生一组有间隔的往复直线刀具路径来切削凹槽；单向切削所产生的刀具路径与双向切削类似。所不同的是单向切削刀具路径按同一个方向进行切削，回刀时不进行切削。

螺旋切削方式是以挖槽中心或特定挖槽起点开始进刀，包括等距环切、平行环切、平行环切清角、依外形环切、高速切削和螺旋切削等 6 种。

切削间距（直径%）：设置在 X 轴和 Y 轴粗加工之间的切削间距，以刀具直径的百分率计算。

切削间距（距离）：该选项是在 X 轴和 Y 轴计算的一个距离，等于切削间距百分率乘以刀具直径。

粗切角度：设置双向和单向粗加工刀具路径的起始方向。

刀具路径最佳化：该选项仅可以用于双向切削、等距环切、平行环切、平行环切清角方式的挖槽刀具路径。为切削内腔、岛屿提供优化刀具路径，避免因切削深度过大而损坏刀具，并可以生成用于清除岛屿与内壁、岛屿与岛屿之间材料的刀具路径。

由内而外环切：用来设置螺旋进刀方式时的挖槽起点。当选中该复选框时，是从凹槽中心或指定挖槽起点开始，螺旋切削至凹槽边界；当未选中该复选框时，是由挖槽边界外围开始螺旋切削至凹槽中心。

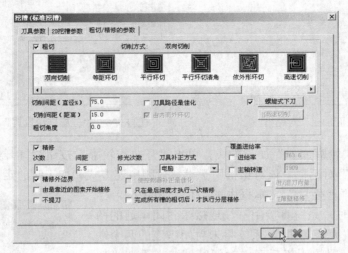

图 8-38   "粗切/精修的参数"选项卡

在凹槽粗铣加工路径中，可以采用垂直下刀、斜线下刀和螺旋下刀等 3 种下刀方式。采用垂直下刀方式时不选"螺旋式下刀"复选框；采用斜线下刀方式时选择"螺旋式下刀"复选框并单击"螺旋／斜插式下刀参数"对话框中的"斜插式下刀"图标；采用螺旋下刀方式时则单击"螺旋式下刀"图标。

"螺旋／斜插式下刀参数"对话框中的"斜插式下刀"选项卡如图 8-39 所示，该选项卡用于设置斜线下刀时刀具的运动方式，其主要参数的含义如下。

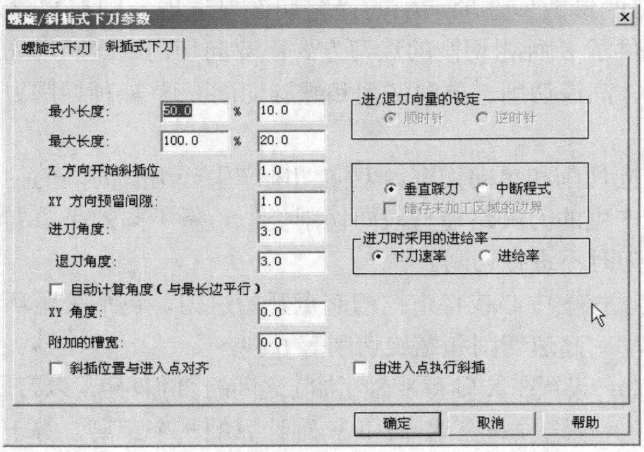

图 8-39   "斜插式下刀"选项卡

最小长度：指定斜线刀具路径的最小长度。
最大长度：指定斜线刀具路径的最大长度。

进刀角度：指定刀具切入的角度。

退刀角度：指定刀具切出的角度。

自动计算角度（与最长边平行）：当选中"自动计算角度"复选框时，斜线在 X Y 轴方向的角度由系统自动决定；当未选中"自动计算角度"复选框时，斜线在 X Y 轴方向的角度由"X Y 角度"文本框输入。

附加的槽宽：在每个斜向下刀的端点增加一个圆角，产生一个平滑刀具移动，圆角半径等于附加槽宽度的一半。该选项能进行高速加工。

"螺旋式下刀"选项卡用于设置螺旋下刀时刀具的运动方式，如图 8-40 所示，其主要参数的含义如下。

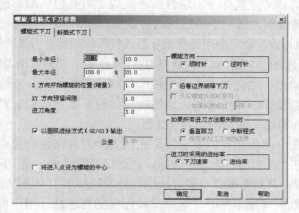

图 8-40　"螺旋式下刀"选项卡

最小半径：指定螺旋的最小半径。

最大半径：指定螺旋的最大半径。

Z 方向开始螺旋的位置（增量）：指定开始螺旋进刀时距工件表面的高度。

X Y 方向预留间隙：指定螺旋槽与凹槽在 X 向和 Y 向的安全距离。

进刀角度：指定螺旋下刀时螺旋线与 XY 面的夹角，角度越小，螺旋的圈数越多，一般设置在 5°~20°。

"螺旋方向"栏：指定螺旋下刀的方向，可设置为顺时针或逆时针方向。

图 8-41 为选择不同下刀方式时的刀具路径。

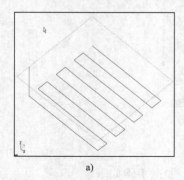
a)

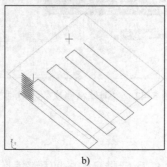
b)

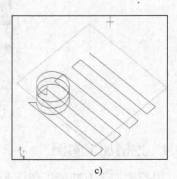
c)

图 8-41　选择不同下刀方式时的刀具路径

8.3.3 精加工参数

当选中图 8-38 中的"精修"复选框后，系统可执行挖槽精加工。挖槽加工中各主要精加工切削参数的含义如下。

精修外边界：对外边界也进行精铣削，否则仅对岛屿边界进行精铣削。

由最靠近的图素开始精修：在靠近粗铣削结束点位置开始精铣削，否则按选取边界的顺序进行精铣削。

只在最后深度才进行一次精修：在最后的铣削深度进行精铣削，否则在所有深度进行精铣削。

完成所有槽的粗切后，才执行分层精修：在完成了所有粗切削后进行精铣削，否则在每一次粗切削后都进行精铣削，适用于多区域内腔加工。

刀具补正方式：执行该参数可启用计算机补偿或机床控制器内刀具补偿。当精加工时不能在计算机内进行补正，该选项允许在控制器内调整刀具补偿，也可以选择两者共同补偿或磨损补偿。

使控制器补正最佳化：如精加工选择为机床控制器刀具补偿，该选项在刀具路径上消除小于或等于刀具半径的圆弧，并帮助防止划伤表面，若不选择在控制器刀具补偿，此选项防止精加工刀具不能进入粗加工所用的刀具加工区。

进／退刀向量：选中此按钮前的复选框可在精切削刀具路径的起点和终点增加进刀／退刀刀具路径。可以单击"进／退刀向量"按钮，通过打开的"进／退刀向量"对话框对进刀／退工刀具路径进行设置，其对话框及设置方法均与外形铣削加工中进刀／退刀的设置相同。

T 薄壁精修：在铣削薄壁零件时，选中此按钮前的复选框，用户可以设置更细致的薄壁零件精加工参数，以保证薄壁零件在最后的精加工时刻不变形，如图 8-42 所示。

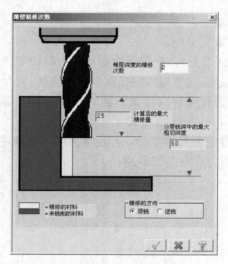

图 8-42 "薄壁精修次数"对话框

8.3.4 挖槽加工实例

用挖槽加工方式加工如图 8-43 所示带岛屿的凹槽铣削，加工步骤如下。

1）在菜单栏中选择"刀具路径"→"挖槽"命令。

2）系统提示选取外形铣削加工的外形边界，将视图设置为俯视图，按图 8-43 选取定义凹槽及岛屿的两个串连。

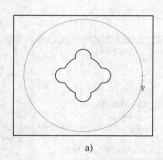

a)

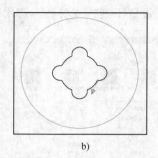

b)

图 8-43　挖槽边界及岛屿的串连

3）串连后单击 ✓ 按钮，系统打开"挖槽"对话框中的"刀具参数"选项卡，在刀具列表中选取刀具径为 5mm 的端铣刀。

4）单击"2D 挖槽参数"标签，在"挖槽加工形式"下拉列表框中中选择"使用岛屿深度"加工方式，按图 8-44 设置高度、刀具偏移和预留量等参数。

5）单击 G铣平面 按钮，在"岛屿上方预留量"文本框中输入-2，因总挖槽深度为-10mm（见图 8-44），即可将岛屿高度设置为 8mm，如图 8-45 所示。

6）由于凹槽的总铣削量为 10mm，在深度分层铣削参数设置中，设置了 3 次粗铣削和 1 次精铣削，如图 8-46 所示。

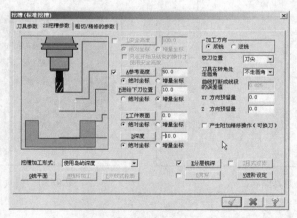

图 8-44　设置高度、刀具偏移和预留量

图 8-45　设置岛屿高度

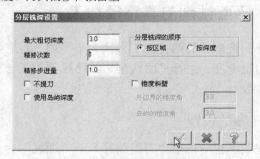

图 8-46　设置深度分层铣削参数

7）单击"粗切/精修的参数"标签，在"粗切/精修的参数"选项卡中选择粗切削的走刀方式，如图 8-47 所示。

8）按图 8-48 设置下刀方式参数，选用螺旋进刀方式。

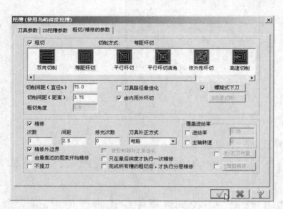

图 8-47　设置粗切削的走刀方式

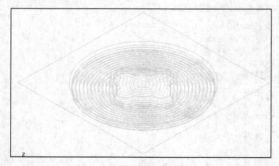（右上）

图 8-48　进刀方式设置

9）进行完所有参数的设置后，单击"挖槽"对话框中的 ✓ 按钮，系统即可按设置的参数计算出刀具路径，将视图设置为等角视图，生成的刀具路径如图 8-49 所示。

10）进行仿真加工模拟，加工模拟的结果如图 8-50 所示。

11）在菜单栏中选取"文件→保存文件"命令，将文件保存。

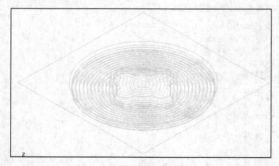

图 8-49　刀具路径

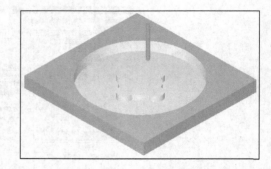

图 8-50　仿真加工模拟结果

8.4　平面铣削刀具路径加工

平面铣削刀具路径加工方式为平面加工，主要用于提高工件的平面度、平行度及降低工件表面粗糙度。进行平面铣削刀具路径削加工与前面几个加工模式相同，也需要设置有关的加工参数。

8.4.1　参数设置

在菜单栏中选取"刀具路径"→"面铣"命令，在绘图区选取串连后，单击 ✓ 按钮。打开"平面铣削"对话框，如图 8-51 所示。在设置平面铣削刀具路径参数时，除了要设置一组刀具、材料等共同参数外，还要设置一组其特有的加工参数。

1．铣削方式

在进行平面铣削加工时，可以根据需要选取不同的铣削方式。可以在"平面铣削参数"选项卡的"切削方式"下拉列表框中选择不同的铣削方式，如图 8-52 所示。

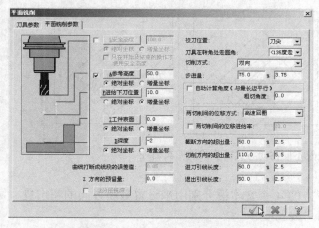

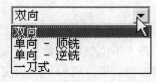

图 8-51　"平面铣削"对话框　　　　　　　　　　图 8-52　铣削方式设置

不同的铣削方式生成的刀具路径，如图 8-53 所示。当选择"双向"选项时，刀具在加工中可以往复走刀，如图 8-53a 所示；当选择"单向-顺铣"选项时，刀具仅沿一个方向走刀，加工中刀具旋转方向与工件移动方向相同，即顺铣，如图 8-53b 所示；当选择"单向-逆铣"选项时，刀具也仅沿一个方向走刀，加工中刀具旋转方向与工件移动方向相反，即逆铣，如图 8-53c 所示；当选择"一刀式"选项时，仅进行一次铣削，刀具路径的位置为几何模型中心位置，这时刀具的直径必须大于铣削工件表面的宽度。

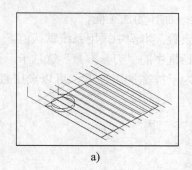
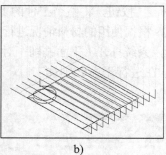
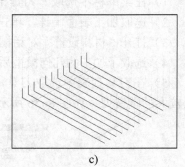

a)　　　　　　　　　　b)　　　　　　　　　　c)

图 8-53　设置不同铣削方式时生成的刀具路径

当选择"双向"铣削方式时，可以设置刀具在两次铣削间的移动方式。在"两切削间的位移方式"下拉列表框中，系统给出了 3 种刀具移动的方式，如图 8-54 所示。

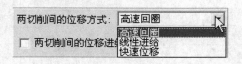

图 8-54　刀具移动方式

当选择"高速回圈"选项时，刀具以圆弧的方式移动到下一次铣削的起点，如图 8-55a 所示；当选择"线性进给"选项时，刀具以直线的方式移动到下一次铣削的起点，如图 8-55b 所示；当选择"快速位移"选项时，刀具以直线的方式快速移动到下一次铣削的起点，如图 8-55c 所示。

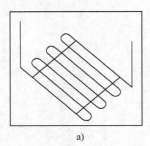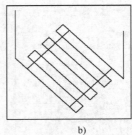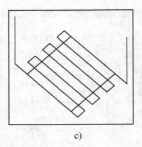

a)　　　　　　　　　　b)　　　　　　　　　　c)

图 8-55　设置不同移动方式时生成的刀具路径

2．其他参数

在"平面铣削参数"选项卡右下方的 4 个文本框分别用来设置截断方向的超出量、切削方向的超出量、进刀引线长度和退刀引线长度。

"两切削间的位移进给率"文本框用于设置两条刀具路径间的距离。但在实际加工中两条刀具路径间的距离一般会小于该设置值。这是因为系统在生成刀具路径时首先计算出铣削的次数，铣削的次数等于铣削宽度除以设置的值后向上取整。实际的刀具路径间距为总铣削宽度除以铣削次数。

8.4.2　平面铣削刀具路径加工实例

对 8.3.4 小节中的工件进行平面铣削刀具路径削加工。操作步骤如下：

1）在菜单栏中选取"刀具路径"→"面铣"命令。

2）选取加工表面串连，单击 ☑ 按钮，将整个工件的上表面作为加工面。

3）打开"材料设置"对话框，根据使用的材料情况进行设置，本例中采用系统默认值。

4）选取了加工的几何模型后，系统打开"平面铣削"对话框中的"刀具参数"选项卡。

5）在刀具列表中选取刀具，在进行平面铣削加工时，为了提高加工速度，可以选用直径较大的端铣刀，如图 8-56 所示。

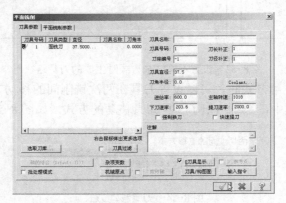

图 8-56　选取加工刀具

6）刀具参数的其他选项采用系统的默认值。

7）单击"平面铣削"对话框中的"平面铣削参数"标签，打开"平面铣削参数"选项卡。

8）进行高度设置，设"工件表面"为 Z 轴零点，"参考高度"为 50mm，"进给下刀位置"设置为 10mm。"深度"设置为-2.0，如图 8-57 所示。

9）走刀方式采用"双向"，相邻刀具路径间采用圆弧过渡，其他参数均采用系统的默认值，这些参数的设置如图 8-57 所示。

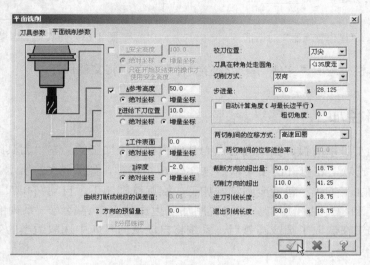

图 8-57　设置高度

10）设置分层铣削，进行一次粗铣削和一次精铣削，将精铣削的铣削深度设置为0.5mm，由于系统将自动计算粗铣削的次数及每次铣削的深度，最大粗铣削深度设置为1mm。按图 8-58 所示参数设置。

11）完成所有参数设置后，单击"平面铣削"对话框中的 ✓ 按钮，系统即可按设置的参数计算出刀具路径，如图 8-59 所示。

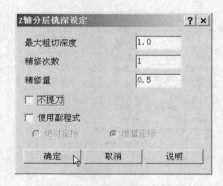

图 8-58　分层铣削参数设置

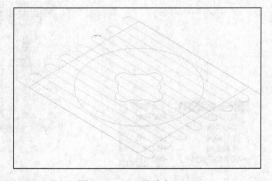

图 8-59　刀具路径

12）"操作管理器"对话框中列出了平面铣削刀具路径削操作的所有参数，如图 8-60 所示。

13）在"操作管理器"对话框中单击 🗋 图标进行仿真加工，仿真加工结果如图 8-61所示。

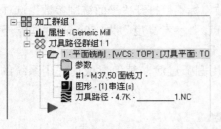

图 8-60　"操作管理器"对话框

图 8-61　仿真加工结果

14）在菜单栏中选取"文件"→"保存文件"命令，将文件保存。

8.5　全圆路径加工

全圆路径加工是以圆弧、圆或圆心点为几何模型进行加工的。在"刀具路径"菜单中选择"全圆路径"选项，在打开的子菜单中包含有 6 个选项，如图 8-62 所示。选择不同的选项可选用不同的加工方式，包括全圆铣削加工、螺旋铣削加工、自动钻孔加工、钻起始孔加工、铣键槽加工和螺旋钻孔加工。螺旋铣削加工生成的刀具路径为一系列的螺旋形刀具路径。自动钻孔加工在选取了圆或圆弧后，系统将自动从刀具库中选取适当的刀具，生成钻孔刀具路径。

8.5.1　全圆铣削

全圆铣削加工方式生成的刀具路径由切入刀具路径、全圆刀具路径和切出刀具路径组成。与前面介绍的各模式相同，全圆铣削加工也有一组其特有的参数设置，如图 8-63所示。

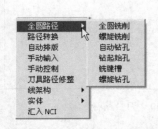

图 8-62　"全圆路径"子菜单

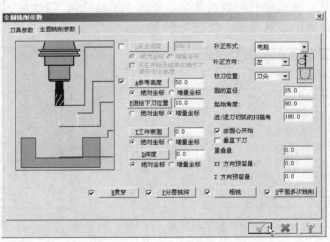

图 8-63　"全圆铣削参数"对话框

该组参数的含义与前面介绍的基本相同，其特有的参数如下。

圆的直径：当选取的几何模型为圆心点时，该选项用来设置圆外形的直径；否则直接采用选取圆弧或圆的直径。

起始角度：设置全圆刀具路径起点位置的角度。

进/退刀切弧的扫描角度：设置进刀/退刀圆弧刀具路径的扫描角度，该设置值应小于或等于 180°。

由圆心开始：当选中该复选框时，以圆心作为刀具路径的起点；否则以进刀圆弧的起点作为刀具路径的起点。

垂直下刀：当选中该复选框时，在进刀/退刀圆弧刀具路径起点/终点处增加一段垂直圆弧的直线刀具路径。

粗铣：选中该按钮前的复选框后，全圆铣削加工相当于挖槽的粗加工。单击"粗铣"按钮，可以打开"全圆铣削的粗铣"对话框，各选项的含义与挖槽加工中对应选项的含义相同。

8.5.2 螺旋铣削

生成螺旋铣削方式刀具路径的步骤如下：

1）选取"全圆路径"子菜单中的"螺旋铣削"命令。

2）选取一段圆弧进行串连。

3）如果提示需要输入开始点，用鼠标在图中选取一个点，单击 ☑ 按钮。

4）打开"螺旋铣削"对话框，在其中设置螺旋铣削参数。设置完成后，单击 ☑ 按钮，则系统生成螺旋铣削刀具路径。

螺旋铣削参数的设置如图 8-64 所示。

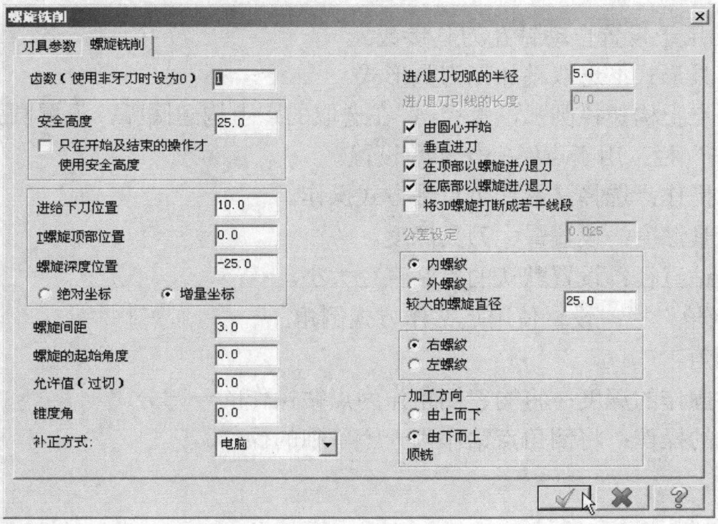

图 8-64　"螺旋铣削"对话框

齿数（使用非牙刀时设为 0）：设置刀具的实际齿数，即使刀具的实际齿数大于 1，也可以设置为 1。

安全高度：设置安全高度的数值。

螺旋的起始角度：设置螺纹开始角。

补正方式：在该下拉列表框中可以取"电脑"、"控制器"、"两者"、"两者反向"和"关"等补正方式。

8.5.3 自动钻孔

自动钻孔铣削步骤与前面两种铣削方法类似，不同的是自动钻孔铣削的刀具设置参数不同，如图 8-65 所示。

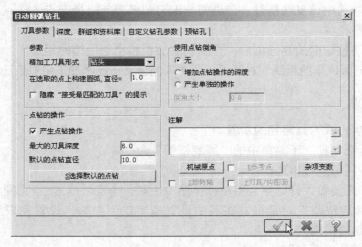

图 8-65 "自动圆弧钻孔"对话框

"参数"栏：用于设置自动钻孔刀具参数。

● 精加工刀具形式：选取精加工刀具形式。

● 在选取的点上构建栏圆弧，直径=：在选取的点上构建圆弧，设置圆弧直径大小。

"点钻的操作"栏：用于点钻操作参数设置。

● 产生点钻操作：选择是否产生点钻方式操作。

● 最大的刀具深度：设置最大刀具深度。

● 默认的点钻直径：设置默认的点钻直径大小。

"使用点钻倒角"栏：设置使用点钻作方式倒角。

● 无：不倒角。

● 增加点钻操作的深度：将构建倒角作为点钻操作的一部分。

● 产生单独的操作：将倒角点钻作为一个单独的操作。

8.5.4 点铣削

点铣削是指在所选的串连点间生成直线加工路径。在菜单栏中选取"刀具路径"→"+点刀具路径"命令，在构建点铣削刀具路径时会用到"增加点"工具栏，如图 8-66 所示。

进给率：设置两点之间的进给率。

点铣削刀具路径的步骤如下。

1）在菜单栏中选取"刀具路径"→"+点刀具路径"命令。

2）菜单栏变为"增加点"工具栏，如图 8-66 所示，顺序输入系列点，输入完成后单击 ✓ 按钮。

3）打开"点"铣削对话框，在其中只有"刀具参数"选项卡，如图 8-67 所示。根据需要进行设置，单击 ✓ 按钮，系统构建点铣削刀具路径。

图 8-66　"增加点"工具栏

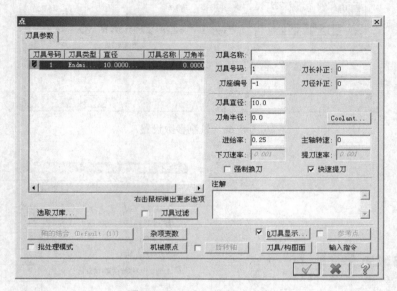

图 8-67　"点"铣削对话框

8.5.5　全圆铣削加工实例

在前面各种二维加工的基础上对工件进行全圆铣削加工，操作步骤如下。

1）绘制或选择一个有圆形的几何模型。

2）在菜单栏中选取"刀具路径"→"全圆路径"→"全圆铣削"命令。

3）系统提示选取加工的几何模型，将视图设置为俯视图，选取圆的中心后单击 ✓ 按钮。

4）系统打开"全圆铣削参数"对话框中的"刀具参数"选项卡。在刀具列表中选取直径为 5mm 的端铣刀。

5）单击"全圆铣削参数"标签，在"全圆铣削参数"选项卡中按图 8-68 所示内容设置高度、起始角度、扫描角度及加工预留量等参数。

6）按图 8-69 所示内容设置分层铣削和粗铣削参数。

7）进行参数的设置后，单击"全圆铣削参数"对话框中的 ✓ 按钮，系统即可计算出刀具路径，将视图设置为等角视图，生成的刀具路径如图 8-70 所示。

8）进行仿真加工模拟，加工模拟的结果如图 8-71 所示。

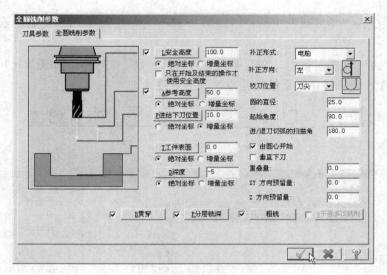

图 8-68　铣削参数设置

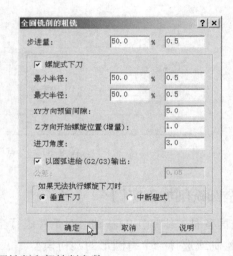

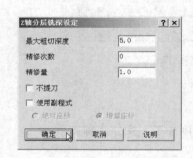

图 8-69　设置分层铣削和粗铣削参数

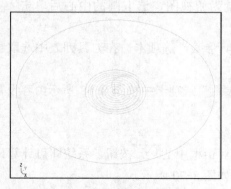

图 8-70　生成的刀具路径

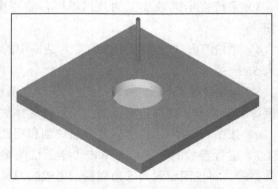

图 8-71　加工模拟结果

8.6 文字雕刻

雕刻加工常用于在零件表面上雕刻各种图案及文本。雕刻加工其实就是铣削加工的一个特例,属于铣削加工范围。下面以实例介绍文字雕刻的操作过程。操作步骤如下:

1)按图 8-72 绘制或选取文字模型,在菜单栏中选取"构图"→"绘制文字"命令,进入"绘制文字"对话框,如图 8-73 所示,按图中参数进行设置。

图 8-72 文字内容　　　　　　　　　　　图 8-73 "绘制文字"对话框

2)在菜单栏中选取"刀具路径"→"雕刻加工"命令,用鼠标对矩形边框封闭串连。由于文字较多,可采用窗口串连。

3)单击　✓　按钮,打开如图 8-74 所示的"雕刻加工"对话框。

4)根据文字的大小、边角、间隙情况选用刀具,刀具参数可自定义,在空白处单击鼠标右键,从弹出的快捷菜单中选择 V 形加工刀具,即可打开如图 8-75 所示的"定义刀具"对话框。

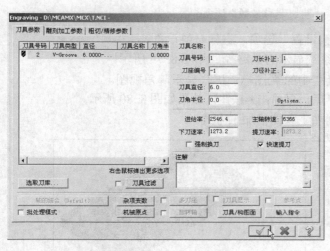

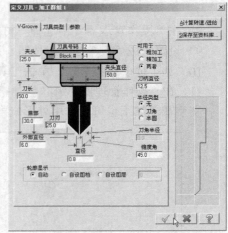

图 8-74 "雕刻加工"对话框　　　　　　　图 8-75 "定义刀具"对话框

5)在该对话框内定义好参数后,单击　✓　按钮,返回"刀具参数"选项卡。在"刀具

175

参数"选项卡中设置各项参数，如图 8-76 所示。

6）单击"雕刻加工参数"标签，按图 8-77 设置雕刻加工参数。

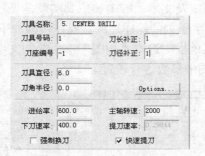

图 8-76　设置刀具参数　　　　　　　　　　　　图 8-77　设置雕刻加工参数

7）单击"粗切/精修参数"选项卡进行设置，如图 8-78 所示。

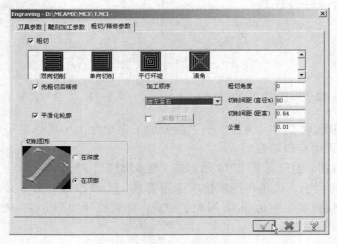

图 8-78　"粗切/精修参数"选项卡

8）在"操作管理器"中选择"材料设置"选项，进行材料设置。

9）设置完成后，单击 ✓ 按钮，系统显示刀具路径，如图 8-79 所示。

10）为了便于模拟显示，单击工具栏中的 ⬡ 图标，屏幕显示等角视图。

11）在"操作管理器"中，单击 ◈ 后，再单击 ▶ 按钮，效果如图 8-80 所示。
文字雕刻加工也可以采用外形铣削加工和挖槽加工方式。

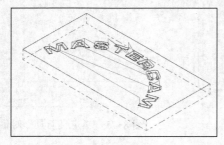

图 8-79　刀具路径　　　　　　　　　　　　图 8-80　仿真加工效果

8.7 二维加工综合实例

本节通过一个典型零件，说明 Mastercam 中轮廓加工、挖槽加工及钻孔加工的综合应用方法。零件的立体图如图 8-81 所示。

（1）读入文件

读入文件中存储的零件图形，如图 8-82 所示。

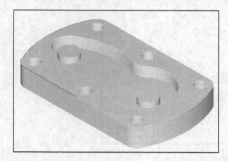

图 8-81 零件的立体图

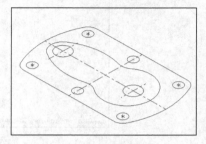

图 8-82 零件图形

（2）工件设置

1）在菜单栏中选取"机床类型"→"铣削"命令，设置铣床类型为系统默认铣床。

2）在"操作管理器"→"属性"中单击"材料设置"，在"机器群组属性"对话框中进行工件设置。

3）在图 8-83 所示"材料设置"选项卡中，将 X、Y 和 Z 文本框中输入工件长 104mm、宽 170mm、高 22mm。

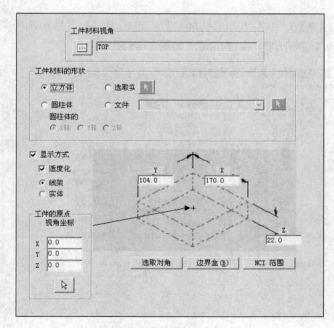

图 8-83 材料设置

4）设置完毕后，用鼠标单击 ✓ 按钮。改变视图方式为等角视图，则得到图 8-84 所示的毛坯线框图，图中的虚线为毛坯的线框轴测图。

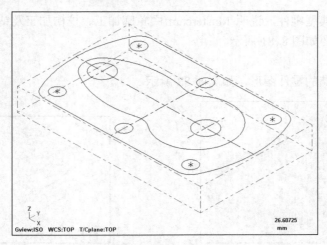

图 8-84　毛坯线框图

（3）零件外形轮廓加工

1）在"操作管理器"中，单击鼠标右键，在弹出的快捷菜单中选择"刀具路径群组" → "刀具路径→外形铣削"命令。在绘图区采用串连方式对几何模型串连后单击 ✓ 按钮，系统弹出"外形（2D）"对话框。

2）在空白区单击鼠标右键显示刀具的位置，在显示的快捷菜单中，选择"新建刀具"命令，进入"刀具管理"对话框，选择直径为 12mm 的平底刀，并在"定义刀具"对话框中设置完成所有参数。

3）设定外形铣削参数，单击"外形铣削参数"选项卡，在"外形铣削类型"下拉列表框中设置加工方式为"2D"，铣削深度为-22mm，如图 8-85 所示。

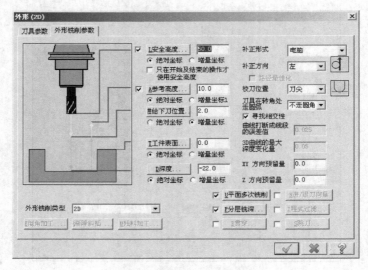

图 8-85　外形铣削参数设置

4）设置"平面多次切削"参数，在如图 8-15 所示对话框中，设置 XY 方向粗加工 2 次，切削量 5.0mm。

5）设置"Z 轴分层切削"参数，设置粗加工余量 2.5mm，精加工 1 次，加工余量 0.3mm。

6）设定参数后，单击 ☑ 按钮。则在图上生成刀具路径，如图 8-86 所示。

7）在"操作管理器"对话框中单击"实体切削验证"按钮 ◻，在出现的"实体切削验证"工具栏中单击▸按钮开始仿真切削加工，零件外形轮廓加工仿真结果如图 8-87 所示。

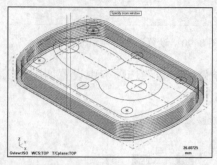
图 8-86　外形轮廓加工的刀具路径

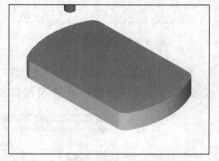
图 8-87　外形轮廓加工仿真模拟结果

（4）零件上具有岛屿的挖槽加工

依照"8.3 挖槽铣削加工"的挖槽加工步骤进行操作，其中需要设置的主要内容如下：

1）在"操作管理器"中单击鼠标右键，在弹出的快捷菜单中选择"刀具路径群组" → "刀具路径" → "挖槽"命令。在绘图区采用串连方式对几何模型串连，串连的图形一共有 3 个（两个中间圆形岛屿和一个外形轮廓），串连后单击 ☑ 按钮，系统弹出"挖槽"对话框，如图 8-88 所示。

2）选择直径为 5mm 的端铣刀，并在"定义刀具"对话框中完成所有参数的设置。

3）在"挖槽加工形式"下拉列表框中选取"使用岛屿深度"选项，设置高度（槽深 –12mm）、刀具偏移和预留量等参数。

4）单击 G铣平面 按钮，在"岛屿上方预留量"文本框中输入–5，即可将岛屿高度设置为 7mm，如图 8-89 所示。

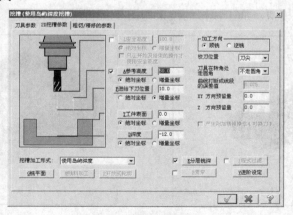
图 8-88　挖槽加工参数设置

5) 在深度分层铣削参数设置中，安排了多次粗铣削和一次精铣削，如图 8-90 所示。

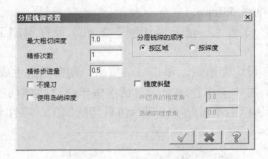

图 8-89 设置岛屿高度　　　　　　　　　图 8-90 设置深度分层铣削参数

6) 单击"粗切/精修的参数"标签，在"粗切/精修的参数"选项卡中设置切削加工的走刀方式及下刀方式等参数，相关设置如图 8-91 所示。

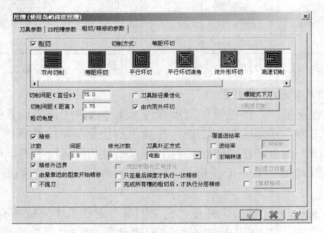

图 8-91 设置粗切/精修的参数

7) 进行完所有参数的设置后，单击"挖槽"对话框中的 ☑ 按钮，生成的刀具路径如图 8-92 所示。

8) 进行仿真加工模拟，加工模拟的结果如图 8-93 所示。

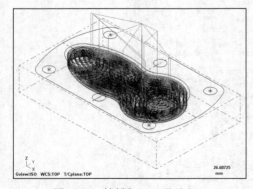

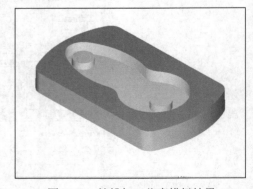

图 8-92 挖槽加工刀具路径　　　　　　　图 8-93 挖槽加工仿真模拟结果

（5）钻孔加工

1）在"操作管理器"中单击鼠标右键，在弹出的快捷菜单中选择"刀具路径群组""刀具路径"→"钻孔"命令。

2）采用手工方法依次选取 6 个钻孔中心，单击 ✓ 按钮。

3）在"刀具参数"选项卡中设置刀具参数，选直径为 12mm 的钻头。

4）在"钻孔循环"下拉列表框中选择 Drill/Counterbore（深孔钻）。

5）在"简单钻孔自定义参数"选项卡中设置钻孔深度为-26mm，单击 ✓ 按钮，如图 8-94 所示。

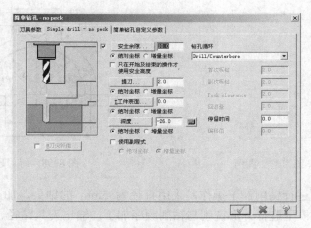

图 8-94　"简单钻孔"对话框

6）在"操作管理器"中单击 ≈ 按钮，将出现如图 8-95 所示的刀具路径。

7）在"操作管理器"中单击 ✐ 按钮选择全部操作，单击 ◈ 按钮后，再单击 ▸ 按钮开始切削加工，仿真检验结果如图 8-96 所示。

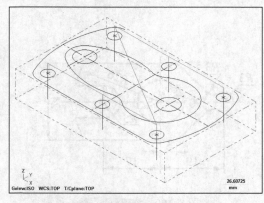

图 8-95　简单钻孔加工刀具路径

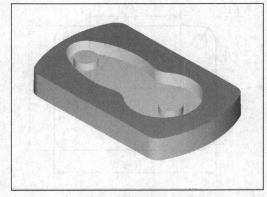

图 8-96　仿真检验结果

（6）保存文件，生成 NC 程序

1）在菜单栏中选取"文件"→"保存文件"命令，将文件保存。

2）根据机床数控系统的类型选择相应的后处理器，选中"编辑"选项时，生成 NCI、NC 文件后自动打开文件编辑器，编辑器即生成数控加工所需的 NC 文件。

8.8 习题与练习

1. 对图 8-97 中的模型进行外形铣削加工操作，采用直径为 5mm 的端铣刀，加工深度为 5mm，输出刀具路径、仿真加工结果。

2. 已知板状零件（见图 8-98）的厚度为 10 mm，试编制零件外形铣削的刀具路径，并进行刀具路径模拟和实体切削验证。

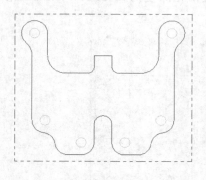

图 8-97　练习题 1 图例

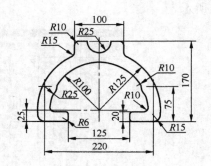

图 8-98　练习题 2 图例

3. 在图 8-97 中进行钻削加工操作，采用直径为 5mm 的钻头，加工深度为 15mm，应用"操作管理器"对模型进行外形铣削与钻削顺序加工，输出刀具路径、仿真加工结果。

4. 对图 8-99 中的模型进行平面铣削刀具路径削、挖槽和钻孔加工操作，槽深 5mm，孔为通孔，输出刀具路径、仿真加工结果。

5. 已知板状零件（见图 8-100）的厚度为 10mm，孔为通孔，试编制零件平面铣削、外形铣削和钻孔加工的刀具路径，并进行实体切削验证。

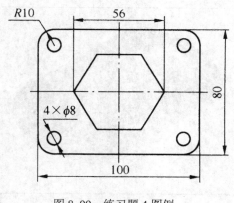

图 8-99　练习题 4 图例

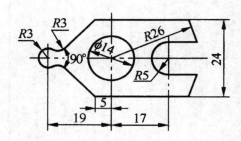

图 8-100　练习题 5 图例

6. 如图 8-101 所示的盖板零件，6 个小孔为通孔，其余结构和尺寸参照图中的标注，试编制零件平面铣削、外形铣削、挖槽加工和钻孔加工的刀具路径，并进行实体验证和后处理。

7. 如图 8-102 所示的零件上有 3 个相同的槽（零件厚 25mm，槽深 12mm），先编制一个槽的挖槽刀具路径，再将此刀具路径作平移复制。

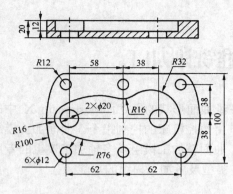

图 8-101　练习题 6 图例

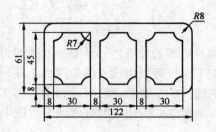

图 8-102　练习题 7 图例

8. 对图 8-103 中的文字进行铣削加工操作，加工深度 2mm。

9. 如图 8-104 所示的零件上有 3 个相同的槽（零件厚 25 mm，槽深 12 mm），先编制一个槽的挖槽刀具路径，再将此刀具路径作旋转复制，并将 Φ44 的圆进行全圆铣削，深度为 20 mm。

图 8-103　练习题 8 图例

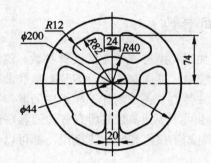

图 8-104　练习题 9 图例

第9章　三维铣削加工

数控机床的特点之一是能够准确加工具有三维曲面形状的零件，Mastercam X 中的三维曲面加工系统可以生成三维刀具加工路径，以产生数控机床的控制指令。曲面加工模组有其通用的曲面加工参数，也有各曲面粗加工模组、曲面精加工模组及多轴加工模组的专用加工参数。本章主要讲述三维铣床加工系统中的加工类型及各加工模组的功能。

9.1　曲面加工类型

大多数曲面加工都需要粗加工与精加工来完成。曲面铣削加工的类型较多，系统提供了曲面加工、多轴加工、线架加工 3 种类型，而曲面加工又有 8 种粗加工类型和 11 种精加工类型。

9.2　共同参数

不同的加工类型有其特定的设置参数，这些参数又可分为共同参数和特定参数两类。在曲面加工系统中，共同参数包括刀具参数和曲面参数。在多轴加工系统中，共同参数包括刀具参数及多轴参数。各铣削加工模组中刀具参数的设置方法都相同，曲面参数对所有曲面加工模组基本相同，多轴参数对所有多轴刀具路径也基本相同。

所有的粗加工模组和精加工模组，都可以使用如图 9-1 所示的"曲面参数"选项卡来设置曲面参数。

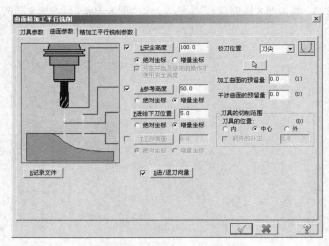

图 9-1　"曲面参数"选项卡

1．高度设置

在"曲面参数"选项卡中用 4 个参数来定义 Z 轴方向的刀具路径：安全高度、参考高度、进给下刀位置和工件表面。这些参数与二维加工模组中对应参数的含义相同。

2．记录档

生成曲面加工刀具路径时，可以设置该曲面加工刀具路径的一个"记录档"文件，当对该刀具路径进行修改时，"记录档"文件可用来加快刀具路径的刷新。在曲面参数选项卡中单击"记录文件"按钮，打开如图 9-2 所示的"记录档"对话框。该对话框用于设置记录档文件的保存位置。

3．进刀与退刀参数

可以在曲面加工刀具路径中设置进刀与退刀刀具路径。选中"曲面参数"选项卡中"进/退刀向量"按钮前的复选框，单击该按钮，打开如图 9-3 所示的"进/退刀向量"对话框。该对话框用来设置曲面加工时进刀和退刀的刀具路径。各参数的含义如下。

垂直进刀角度：刀具路径在主轴方向的角度。

XY 角度：刀具路径在水平方向的角度。

进刀引线长度：进刀路径的长度。

相对于刀具：定义"XY 角度"的选项。选择"刀具平面 X 轴"选项时，"XY 角度"为与刀具平面＋X 轴的夹角；选择"切削方向"选项时，"XY 角度"为与切削方向的夹角。

向量：可以在"向量"对话框中设置刀具路径在 X、Y、Z 方向的 3 个分量来定义刀具路径的"垂直退刀角度"、"XY 角度"和"退刀引线长度"参数。

参考线：单击"参考线"按钮后，通过选取绘图区中一条已知直线来定义刀具路径的角度和长度。

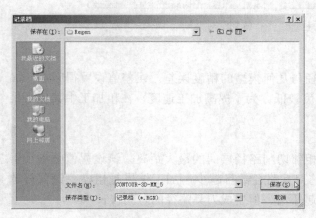

图 9-2　"记录档"对话框

图 9-3　"进/退刀向量"对话框

9.3　曲面粗加工

曲面粗加工共有 8 个加工模组。这 8 个加工模组用于切除工件上大余量的材料。这 8 个加工模组能生成用于切削曲面材料的刀具路径，可根据零件的具体情况选用不同的模组。

9.3.1 粗加工平行铣削加工

在"刀具路径"菜单中选择"曲面粗加工" → "粗加工平行铣削加工"命令，可打开平行式粗加工模组。该模组可用于生成平行粗加工切削刀具路径。使用该模组生成刀具路径时，除了要设置曲面加工共有的刀具参数和曲面参数外，还要设置一组平行式粗加工模组特有的参数。可通过如图 9-4 所示"曲面粗加工平行铣削"对话框中的"粗加工平行铣削参数"选项卡来设置。

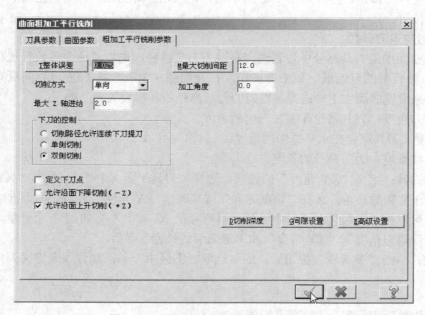

图 9-4　"曲面粗加工平行铣削"对话框

1．整体误差

"整体误差"文本框用来设置刀具路径与几何模型的精度误差。误差值设置得越小，加工得到的曲面越接近几何模型，但加工速度较低。为了提高加工速度，在粗加工中其值可稍大一些。

2．最大切削间距

"最大切削间距"文本框用来设置两相邻切削路径层间的最大距离。该设置值必须小于刀具的直径。这个值设置得越大，生成的刀具路径数目越少，加工结果越粗糙；设置得越小，生成的刀具路径数目越多，加工结果越平滑，但生成刀具路径的时间较长。

3．切削方式

"切削方式"下拉列表框用来设置刀具在 X-Y 方向的走刀方式。可以选择"双向"或"单向"走刀方式。若选择"单向"走刀方式，加工时刀具只能沿一个方向进行切削；若选择"双向"走刀方式，加工时刀具可以往复切削曲面。

4．加工角度

"加工角度"文本框用来设置加工角度。加工角度是指刀具路径与 X 轴的夹角。定位方向为：0°为+X，90°为+Y，180°为-X，270°为-Y，360°为+X。

5. 刀具路径起点

当选中"定义下刀点"复选框时，在设置完各参数后，需要指定刀具路径的起始点，系统将选取最近的工件角点作为刀具路径的起始点。

6. 切削深度

单击"切削深度"按钮，打开如图 9-5 所示的"切削深度的设定"对话框。在该对话框中设置粗加工的切削深度，可以选择"绝对坐标"或"增量坐标"方式来设置切削深度。

选择绝对坐标方式时，用以下两个参数来设置切削深度。

最高的位置：在切削工件时，允许刀具上升的最高点。

最低的位置：在切削工件时，允许刀具下降的最低点。

选择"增量坐标"方式时，设置以下参数，系统会自动计算出刀具路径的最小和最大深度。

第一刀的相对位置：设置刀具的最低点与顶部切削边界的距离。

其他深度的预留量：设置刀具深度与其他切削边界的距离。

7. 间隙设置

单击"间隙设置"按钮，打开如图 9-6 所示的对话框。该对话框用来设置刀具在不同间距时的运动方式。"容许的间隙"栏用来设置容许间距；"位移小于容许间隙时，不提刀"栏用于设置当移动量小于设置的容许间距时刀具的移动方式；"位移大于容许间隙时，提刀至安全高度"栏用于设置当移动量大于设置的容许间距时刀具的移动方式；"切弧的半径"文本框用于输入在边界处刀具路径延伸切弧的半径；"切弧的扫描角度"文本框用于输入在边界处刀具路径延伸切弧的角度。

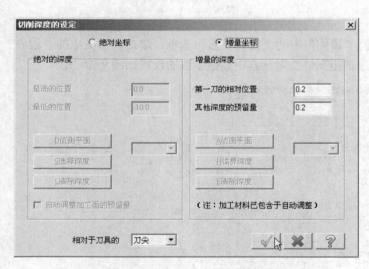

图 9-5　"切削深度的设定"对话框

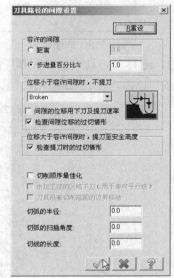

图 9-6　"刀具路径的间隙设置"对话框

8. 高级设置

单击"高级设置"按钮，打开如图 9-7 所示的对话框。该对话框用来设置刀具在曲面或实体边缘处的加工方式。"刀具在曲面（实体面）的边缘走圆角"栏用来选择刀具在边缘处加工圆角的方式；"尖角部分的误差（在曲面/实体面的边缘）"栏用于设置刀具圆角移动量的误差。

图 9-7 "高级设置"对话框

9.3.2 平行式粗加工实例

用平行式粗加工模组加工曲面几何模型。曲面模型如图 9-8 所示。操作步骤如下：

1）打开几何模型如图 9-8 所示，在菜单栏中选择"机床类型"→"铣削"→"默认"命令，如图 9-9 所示。

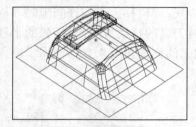

图 9-8 曲面模型

图 9-9 加工系统选择

2）选择"刀具路径管理器"的"属性"中的"材料设置"选项，单击对话框中的"边界盒"按钮后再单击 [✓] 按钮，"机器群组属性"对话框中其他参数的设置如图 9-10 所示。

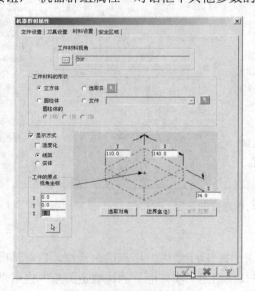

图 9-10 工件参数设置

3）选中"显示方式"复选框，单击 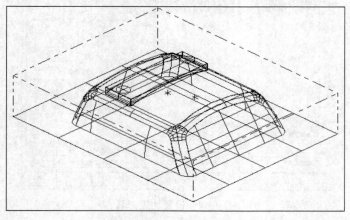 按钮，工件外形如图 9-11 所示。

图 9-11　工件外形

4）在菜单栏中选择"刀具路径"→"曲面粗加工"→"粗加工平行铣削加工"命令，如图 9-12 所示。

5）选取所有需要加工的曲面后按〈Enter〉键，在图 9-13 所示"刀具路径的曲面选取"对话框中单击 按钮。

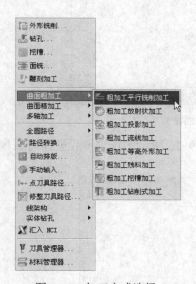

图 9-12　加工方式选择

图 9-13　"刀具路径的曲面选取"对话框

6）系统打开如图 9-14 所示的"曲面粗加工平行铣削"对话框，在"刀具参数"选项卡中的刀具列表中空白区域单击鼠标右键，在弹出的快捷菜单中选择"刀具管理器"命令。从刀具库中选择直径为 8mm 的球头铣刀，并设置刀具参数。

7）单击"曲面粗加工平行铣削"对话框中的"曲面参数"标签，按图 9-15 所示的"曲面参数"选项卡进行曲面参数的设置，在此将预留量设置为 0.4mm。

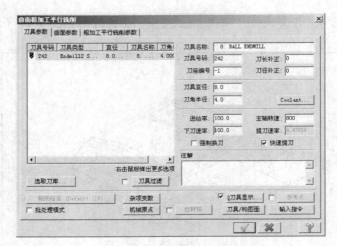

图 9-14　设置加工刀具

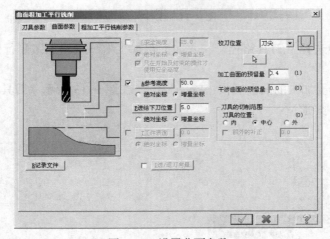

图 9-15　设置曲面参数

8）单击"粗加工平行铣削参数"标签，按图 9-16 所示的选项卡设置平行铣削粗加工参数，加工角度设置为 0。

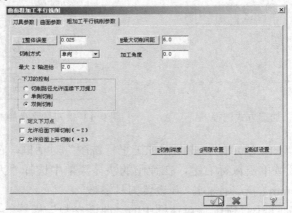

图 9-16　设置平行铣削粗加工参数

9）单击"曲面粗加工平行铣削"对话框中的 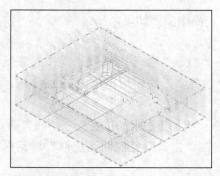 按钮，系统返回绘图区并按设置的参数生成如图 9-17 所示的加工刀具路径。

10）在"操作管理器"中单击"验证"按钮 进行仿真加工，仿真加工后的结果如图 9-18 所示。

图 9-17　刀具路径

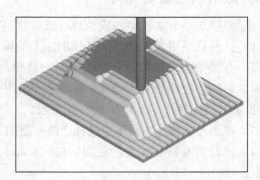

图 9-18　仿真加工结果

9.3.3　粗加工放射状加工

在"刀具路径"菜单中选择"曲面粗加工"→"粗加工放射状加工"命令，可打开放射状粗加工模组。该模组参数的"放射状粗加工参数"选项卡，如图 9-19 所示。

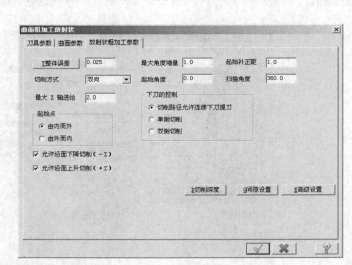

图 9-19　"放射状粗加工参数"选项卡

该选项卡中有些参数与"粗加工平行铣削参数"选项卡相同，其他的参数用来设置放射状刀具路径的形式。放射状刀具路径参数通过"起始角度"、"扫描角度"、"最大角度增量"、"起始补正距"和"起始点"等参数来设置。

起始角度、扫描角度和起始补正距可直接设置，起始中心点位置要在所有参数设置完成后在绘图区选取。角度增量则是通过设置"最大角度增量"和扫描角度后，系统自动进行计算得到的。

"起始点"栏用来设置刀具路径的起始点以及路径方向。当选中"由内而外"单选按钮时，刀具路径从下刀点向外切削；当选中"由外而内"单选按钮时，加工刀具路径于下刀点的外围边界开始并向内切削。

9.3.4 放射状粗加工实例

采用 9.3.2 小节实例中的模型进行放射状粗加工，操作步骤如下。

1）打开要采用放射状粗加工模组加工的模型文件。

2）在菜单栏中选取"机床类型"→"铣削"→"默认"命令，选择"操作管理器"的"属性"中的"材料设置"选项，单击对话框中的"边界盒"按钮后再单击 ✓ 按钮，并设置"机器群组属性"对话框中的其他参数。

3）在"刀具路径"菜单中选择"曲面粗加工"→"粗加工放射状加工"→"凸"命令。

4）选取所有需要加工的曲面后按〈Enter〉键，在"刀具路径的曲面选取"对话框中单击 ✓ 按钮。

5）系统打开"曲面粗加工放射状"对话框，在"刀具参数"选项卡中的刀具列表中单击鼠标右键，在弹出的快捷菜单中选取"刀具管理器"选项，从刀具库中选择直径为 10mm 的球头铣刀。

6）按图 9-20 所示的"曲面参数"选项卡进行曲面加工的参数设置，在此将预留量设置为 0.3mm。

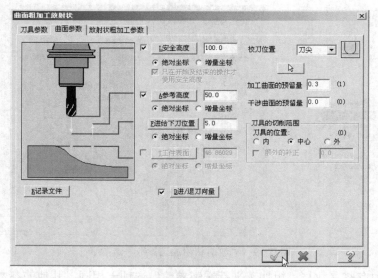

图 9-20　"曲面参数"选项卡

7）单击"放射状粗加工参数"标签，按图 9-21 所示的"放射状粗加工参数"选项卡设置放射状粗加工参数，将"最大角度增量"设置为 4.5，"最大 Z 轴进给"设置为 2.1。

8）单击对话框中的"✓"按钮，系统返回绘图区，选取原点为中心点后，生成如图 9-22 所示的加工刀具路径。

9）在"操作管理器"中单击"验证"按钮🔲进行仿真加工，模拟加工后的结果如图 9-23 所示。从模拟加工结果可以看出，越靠近中心点位置的区域，其表面加工精度越高。

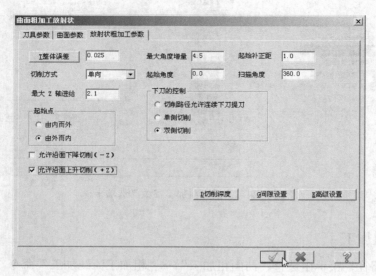

图 9-21　"放射状粗加工参数"选项卡

图 9-22　刀具路径

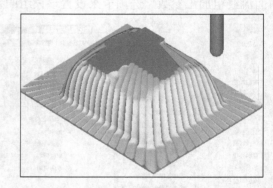

图 9-23　仿真结果

10）在"文件"菜单中选择"保存文件"命令保存文件。

9.3.5　投影式粗加工

在"刀具路径"菜单中选择"曲面粗加工"→"粗加工投影加工"命令，可打开投影粗加工模组。该模组可将已有的刀具路径或几何图像投影到曲面上生成粗加工刀具路径。可以通过"投影粗加工参数"选项卡来设置该模组的参数，如图 9-24 所示。

该模组的参数设置需要指定用于投影的对象。可用于投影的对象包括：NCI（已有的刀具路径）、曲线和点，可以在"投影方式"栏中选择其中的一种。如选择用 NCI 文件进行投影，则需在"原始操作"列表中选取 NCI 文件；如选择用曲线或点进行投影，则在关闭该对话框后还要选取用于投影的一组曲线或点。

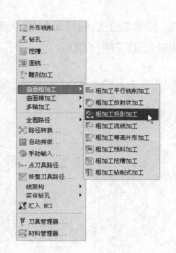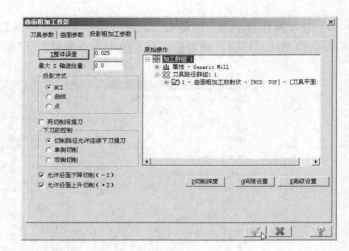

图 9-24 "投影粗加工参数"选项卡

9.3.6 流线粗加工

在"刀具路径"菜单中选择"曲面粗加工"→"粗加工流线加工"命令,可打开流线粗加工模组。该模组可以沿曲面流线方向生成粗加工刀具路径。可以通过如图 9-25 所示的"曲面流线粗加工参数"选项卡来设置该模组的参数。

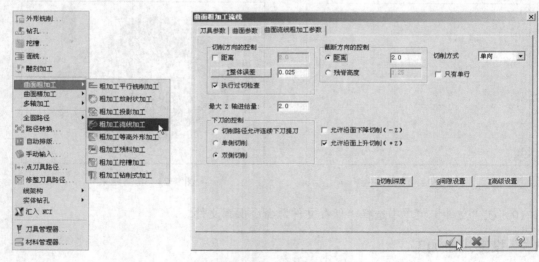

图 9-25 "曲面流线粗加工参数"选项卡

该选项卡中的参数设置与前面模组不同的是进给量的设置方法。切削方向进给量可以选中"距离"复选框并指定进给量进行设置,也可以通过设置刀具路径与曲面的误差来计算出进给量,即在"整体误差"文本框中指定误差值。截断方向进给量也可以直接设置其进给量(选中"距离"复选框并指定进给量),或设置残脊高度由系统计算出进给量(选中"残脊高度"单选按钮并指定残留高度值)。

在设置进给量时,当曲面的曲率半径较大或加工精度要求不高时,可使用固定进给量；当曲面的曲率半径较小或加工精度要求较高时，则应采用设置残脊高度的方式来设定进给量。

在完成了所有参数的设置后单击 [✓] 按钮，系统打开如图 9-26 所示的"曲面流线设置"对话框。在绘图区显示出刀具偏移方向、切削方向、每一层中刀具路径移动方向及刀具路径起点等。

选择不同选项可以更改各参数的设置。

补正方向：更改刀具偏置的方向。

切削方向：更改垂直方向的刀具路径。

步进方向：更改每层刀具路径移动的方向。

起点位置：更改刀具路径的起点。

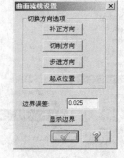

图 9-26　"曲面流线设置"对话框

9.3.7　流线粗加工实例

采用流线粗加工模组对图 9-27 所示曲面进行粗加工，并生成刀具路径。操作步骤如下。

1）打开要进行粗加工的模型文件，如图 9-27 所示。

2）在菜单栏中选择"机床类型"→"铣削"→"默认"命令，选择"操作管理器"的"属性"中的"材料设置"选项，单击对话框中的"边界盒"按钮后再单击 [✓] 按钮，并设置"机器群组属性"对话框中的其他参数。选中"显示方式"复选框，单击 [✓] 按钮，工件外形如图 9-28 所示。

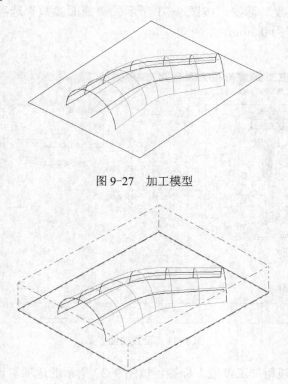

图 9-27　加工模型

图 9-28　工件外形

3）在菜单栏中选取"刀具路径"→"曲面粗加工"→"粗加工流线加工"命令，如图 9-29 所示。

4）选取所有需要加工的曲面后，系统打开如图 9-30 所示的"曲面粗加工流线"对话框，在"刀具参数"选项卡中的刀具列表的空白区域单击鼠标右键，在弹出的快捷菜单中选择"刀具管理器"选项。从刀具库中选择直径为 10mm 的球头铣刀，并设置刀具参数。

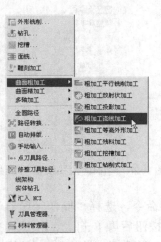

图 9-29　加工方式选择

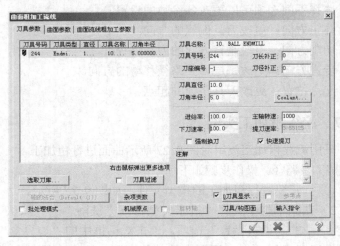

图 9-30　设置加工刀具

5）单击"曲面参数"标签，按图 9-31 所示的"曲面参数"选项卡进行曲面参数的设置，在此将预留量设置为 0.3mm。

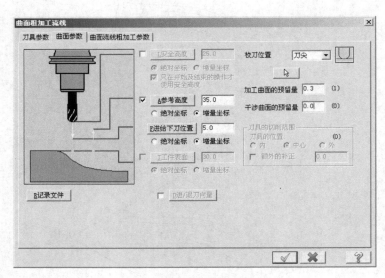

图 9-31　设置曲面参数

6）单击"曲面流线粗加工参数"标签，按图 9-32 所示的选项卡设置粗加工参数。

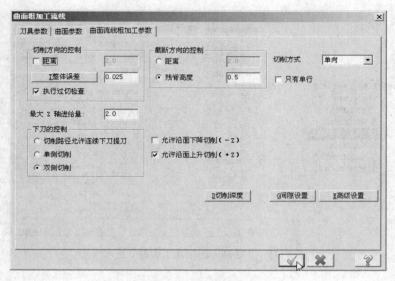

图 9-32   设置粗加工参数

7）单击 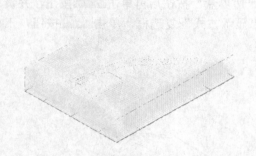 按钮，系统返回绘图区并按设置的参数生成如图 9-33 所示的加工刀具路径。

8）在"操作管理器"中单击"验证"按钮 进行仿真加工，仿真加工后的结果如图 9-34 所示。

图 9-33   生成刀具路径

图 9-34   仿真加工结果

9.3.8   等高外形粗加工

在"刀具路径"菜单中选择"曲面粗加工"→"粗加工等高外形加工"命令，可打开等高线粗加工模组。该模组可以在同一高度（Z 不变）沿曲面生成加工路径。可通过图 9-35 所示的"等高外形粗加工参数"选项卡来设置该模组的参数。

该选项卡是等高外形加工特有的参数设置，包括"封闭式轮廓的方向"设置、"开放式轮廓的方向"设置及"两区段间的路径过渡方式"设置。

用于封闭外形加工时，其铣削方式可设置为"顺铣"或"逆铣"。用于开放曲面外形加工时，其铣削方式可设置为"单向"或"双向"。

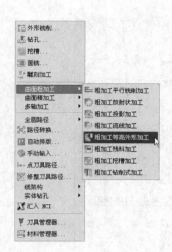
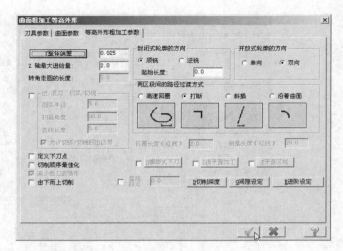

图 9-35　"等高外形粗加工参数"选项卡

9.3.9　等高外形粗加工实例

采用等高外形粗加工模组对图 9-36 所示曲面进行粗加工，生成刀具路径。操作步骤如下：

1）打开要进行粗加工的模型文件，如图 9-36 所示。

2）在菜单栏中选择"机床类型"→"铣削"→"默认"命令；选择"操作管理器"的"属性"中的"材料设置"选项，单击对话框中的"边界盒"按钮后再单击 ▨▨▨ 按钮，并设置"机器群组属性"对话框中的其他参数。选中"显示方式"复选框，单击 ▨▨▨ 按钮，工件外形如图 9-37 所示。

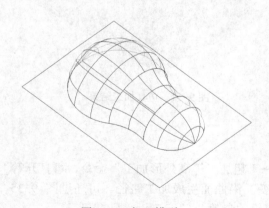

图 9-36　加工模型

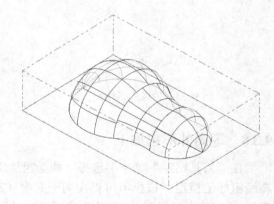

图 9-37　工件外形

3）在菜单栏中选取"刀具路径"→"曲面粗加工"→"粗加工流线加工"命令，如图 9-38 所示。

4）选取所有需要加工的曲面后，系统打开如图 9-39 所示的"曲面粗加工等高外形"对话框，在"刀具参数"选项卡中的刀具列表的空白区域单击鼠标右键，在弹出的快捷菜单中选择"刀具管理器"选项。从刀具库中选择直径为 10mm 的球头铣刀，并设置刀具参数。

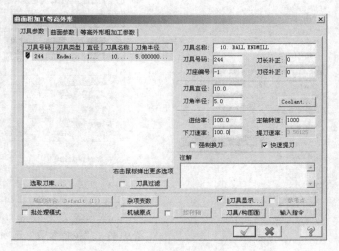

图 9-38　加工方式选择　　　　　　　　　图 9-39　设置加工刀具

5）按图 9-40 所示的"曲面参数"选项卡进行曲面参数的设置，在此将预留量设置为 0.2mm。

6）单击"等高外形粗加工参数"选项卡，按图 9-41 所示设置粗加工参数。

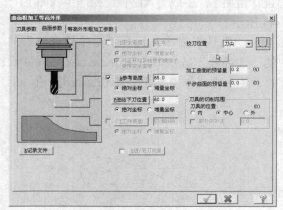

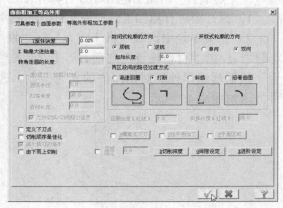

图 9-40　设置曲面参数　　　　　　　　　图 9-41　设置粗加工参数

7）单击对话框中的 ✓ 按钮，系统返回绘图区并按设置的参数生成如图 9-42 所示的加工刀具路径。

9.3.10　挖槽粗加工

在"刀具路径"菜单中选择"曲面粗加工"→"粗加工挖槽加工"命令，可打开挖槽粗加工模组。该模组通过切削所有位于凹槽边界内的材料而生成粗加工刀具

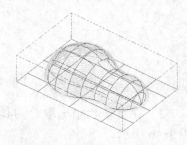

图 9-42　生成加工刀具路径

路径。可以通过如图 9-43 所示的"挖槽参数"选项卡来设置该模组的参数。

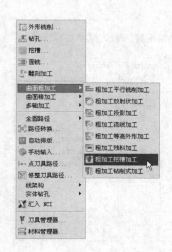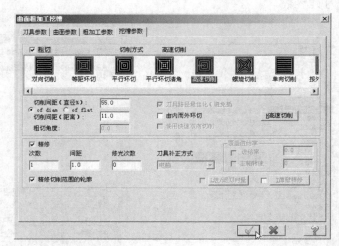

图 9-43　"挖槽参数"选项卡

挖槽粗加工模组参数与二维挖槽模组及本章介绍的有关参数设置内容基本相同，可参考前面的内容进行设置。

9.3.11　挖槽粗加工实例

采用等高外形粗加工模组对图 9-44 所示曲面进行粗加工，生成刀具路径。操作步骤如下：

1）打开要进行粗加工的模型文件，如图 9-44 所示。

2）在菜单栏中选取"机床类型"→"铣削"→"默认"命令，选择"操作管理器"的"属性"中的"材料设置"选项，单击对话框中的"边界盒"按钮后再单击 按钮，并设置"机器群组属性"对话框中的其他参数。选中"显示方式"复选框，单击 按钮，工件外形如图 9-45 所示。

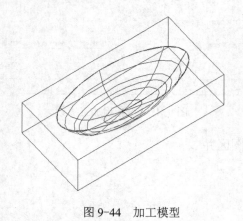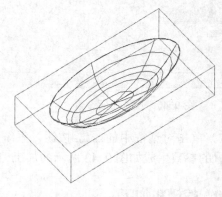

图 9-44　加工模型　　　　　　　　　　　图 9-45　工件外形

3）在菜单栏中选取"刀具路径"→"曲面粗加工"→"粗加工挖槽加工"命令，如图 9-46 所示。

4）选取所有需要加工的曲面后，系统打开如图 9-47 所示的"曲面粗加工挖槽"对话框，在"刀具参数"选项卡中的刀具列表的空白区域单击鼠标右键，在弹出的快捷菜单中选择"刀具管理器"选项。从刀具库中选择直径为 8mm 的球头铣刀，并设置刀具参数。

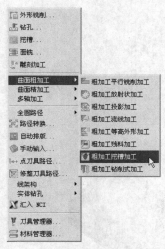

图 9-46　加工方式选取

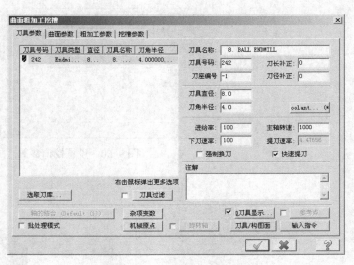

图 9-47　设置加工刀具

5）单击"曲面参数"标签，按图 9-48 所示的"曲面参数"选项卡进行曲面参数的设置，在此将预留量设置为 0.2mm。

6）单击"粗加工参数"标签，按图 9-49 所示的选项卡设置粗加工参数。

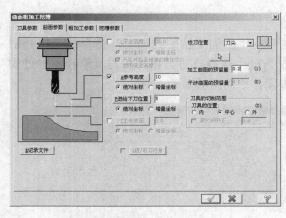

图 9-48　设置曲面参数

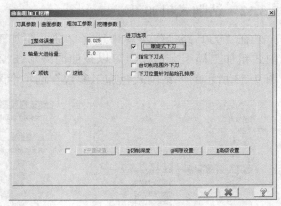

图 9-49　设置粗加工参数

7）单击"挖槽参数"标签，按图 9-50 所示的选项卡设置切削方式等参数。

8）单击对话框中的 按钮，系统返回绘图区并按设置的参数生成如图 9-51 所示的加工刀具路径。

9）在"操作管理器"中单击"验证"按钮 进行仿真加工，模拟加工后的结果如图 9-52 所示。

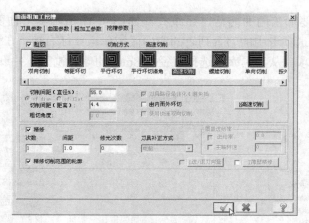

图 9-50　设置挖槽参数

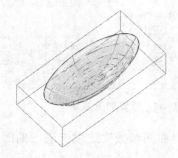

图 9-51　生成加工刀具路径

图 9-52　模拟加工后的结果

9.3.12　钻削式粗加工

在"刀具路径"菜单中选择"曲面粗加工"→"粗加工钻削式加工"命令，可打开钻削式粗加工模组。该模组可以按曲面外形在 Z 方向生成垂直进刀粗加工刀具路径。通过如图 9-53 所示的"钻削式粗加工参数"选项卡来设置该模组的参数。

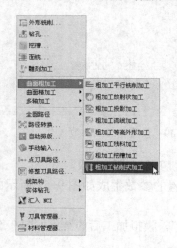

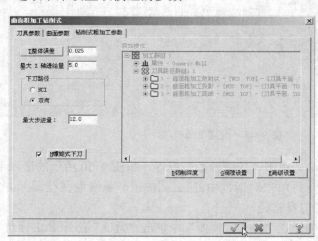

图 9-53　"钻削式粗加工参数"选项卡

该组参数只有整体误差、最大 Z 轴进给和最大步进量 3 个参数，其含义及设置方法与前面介绍的相同，在此不再赘述。

9.4 曲面精加工

曲面精加工模组用于加工余量小、精度高的零件。粗加工后或铸件通过精加工可以得到准确光滑的曲面。在曲面精加工系统中共有 11 个加工模组。

9.4.1 平行式精加工

在"刀具路径"菜单中选择"曲面精加工"→"精加工平行铣削"命令，可以打开平行式精加工模组。该模组可以生成平行切削精加工刀具路径。可以通过"精加工平行铣削参数"选项卡来设定该模组的参数。

"精加工平行铣削参数"选项卡中各参数的含义与"粗加工平行铣削参数"选项卡中对应参数的含义相同。由于精加工不进行分层加工，所以没有最大 Z 轴进给量和下刀控制的设置。同时允许刀具沿曲面上升和下降方向进行切削。

图 9-54 所示为一平行精加工刀具路径。

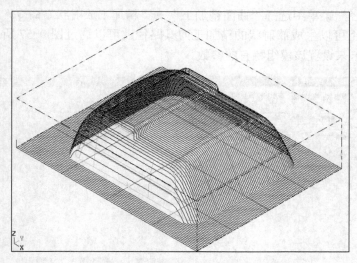

图 9-54　平行精加工刀具路径

9.4.2 陡斜面式精加工

在"刀具路径"菜单中选择"曲面精加工"→"精加工平行陡斜面"命令，可打开陡斜面精加工模组。该模组用于清除曲面斜坡上残留的材料，一般需与其他精加工模组配合使用。可以通过图 9-55 所示的"陡斜面精加工参数"选项卡来设置该模组的参数。

其中"从倾斜角度"文本框用来指定需要进行陡斜面精加工区域的最小斜角度；"到倾斜角度"文本框用来指定需要进行陡斜面精加工区域的最大斜角度。系统仅对坡度在最小斜角度和最大斜角度之间的曲面进行陡斜面精加工。"切削方向延伸量"文本框用来指定在切削方向的延伸量。

采用陡斜面式精加工方式加工的刀具路径，如图 9-56 所示。

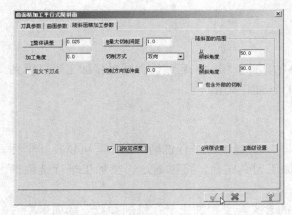

图 9-55 "陡斜面精加工参数"选项卡　　　　图 9-56 陡斜面式精加工刀具路径

9.4.3 放射状精加工

在"刀具路径"菜单中选择"曲面精加工"→"精加工放射状"命令，可打开放射状精加工模组。该模组可以生成放射状的精加工刀具路径。可以通过图 9-57 所示的"放射状精加工参数"选项卡来设置该模组特有的参数。

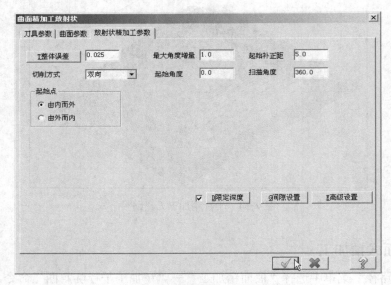

图 9-57 "放射状精加工参数"选项卡

"放射状精加工参数"选项卡中各参数的含义与"放射状粗加工参数"选项卡中对应参数的含义相同。由于不进行分层加工，所以没有层进刀量、下刀/提刀方式及刀具沿 Z 向移动方式的设置。

采用放射状精加工方式生成的刀具路径，如图 9-58 所示。

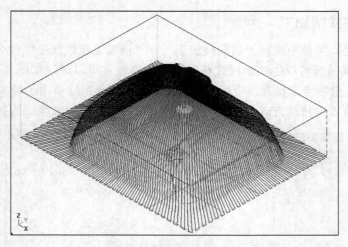

图 9-58　放射状精加工方式生成的刀具路径

9.4.4　投影式精加工

在"刀具路径"菜单中选择"曲面精加工" → "精加工投影加工"命令，可打开投影精加工模组。该模组可以将已有的刀具路径或几何图形投影到选取曲面上生成精加工刀具路径。可以通过如图 9-59 所示的"投影精加工参数"选项卡来设置该模组特有的参数。

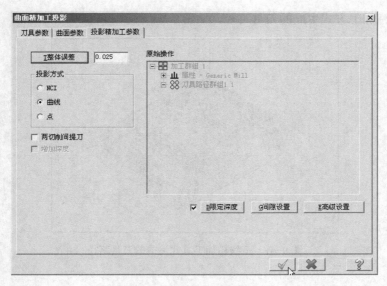

图 9-59　"投影精加工参数"选项卡

该组参数与投影粗加工模组的参数设置相比，除取消了最大 Z 轴进给量、下刀的控制及刀具沿 Z 向移动方式的设置外，还增加了"增加深度"复选框，在采用 NCI 文件作投影时，若选中该复选框，则系统将 NCI 文件的 Z 轴深度作为投影后刀具路径的深度；若未选中该复选框，则由曲面来决定投影后刀具路径的深度。

9.4.5 曲面流线式精加工

在"刀具路径"菜单中选择"曲面精加工"→"精加工流线加工"命令，可打开曲面流线精加工模组。该模组可以生成流线式精加工刀具路径。可以通过如图 9-60 所示的"曲面流线精加工参数"选项卡来设置该模组特有的参数。该组参数除取消了最大 Z 轴进给量、下刀的控制及刀具沿 Z 向移动方式的设置外，其他选项与流线粗加工模组的参数设置相同。

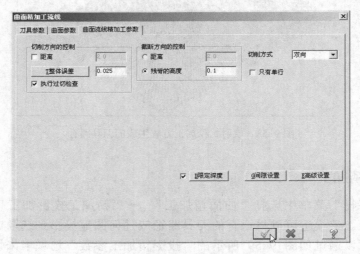

图 9-60 "曲面流线精加工参数"选项卡

采用流线精加工方式生成的刀具路径，如图 9-61 所示。

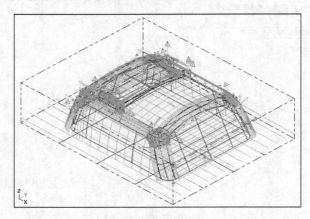

图 9-61 流线精加工方式生成的刀具路径

9.4.6 等高线式精加工

在"刀具路径"菜单中选择"曲面精加工"→"精加工等高外形"命令，可打开等高外形精加工模组。该模组可以在曲面上生成等高线式精加工刀具路径。可以通过如图 9-62 所示的"等高外形精加工参数"选项卡来设置该模组的参数。

该组参数的设置方法与等高线粗加工模组的参数设置完全相同。

采用等高线精加工时，在曲面的顶部或坡度较小的位置可能不能进行切削，一般可采用浅平面精加工来对这部分的材料进行铣削。

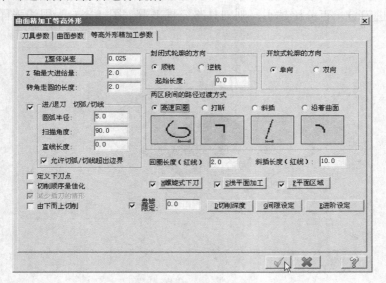

图 9-62 "等高外形精加工参数"选项卡

9.4.7 浅平面式精加工

在"刀具路径"菜单中选择"曲面精加工" →"精加工浅平面加工"命令，可打开浅平面精加工模组。该模组可以用于清除曲面坡度较小区域的残留材料，需与其他精加工模组配合使用。可以通过如图 9-63 所示的"浅平面精加工参数"选项卡来设置该模组的参数。

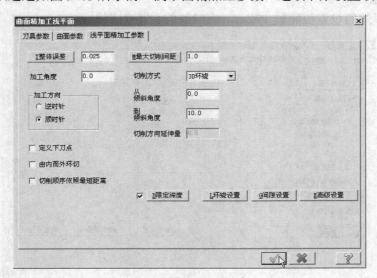

图 9-63 "浅平面精加工参数"选项卡

该组参数与陡斜面精加工模组的参数设置基本相同，也是通过"从倾斜角度"、"到倾斜角度"和"切削方向延伸量"文本框来定义加工区域。但在加工方法中增加了"3D 环绕"切削方式,当选择"3D 环绕"方式时,可以通过单击"环绕设置"按钮后打开的对话框来设置环绕精度进刀量,百分比越小,则刀具路径越平滑。图 9-64 为用浅平面精加工方法得到的刀具路径。

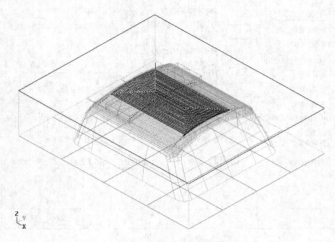

图 9-64   浅平面精加工方式生成的刀具路径

9.4.8   交线清角式精加工

在"刀具路径"菜单中选择"曲面精加工"→"精加工交线清角加工"命令,可打开交线清角精加工模组。该模组用于清除曲面间的交角部分残留材料,也需与其他精加工模组配合使用。可以通过如图 9-65 所示的"交线清角精加工参数"选项卡来设置一组该模组特有的参数。该组参数的设置与前面介绍的对应参数的设置方法相同。

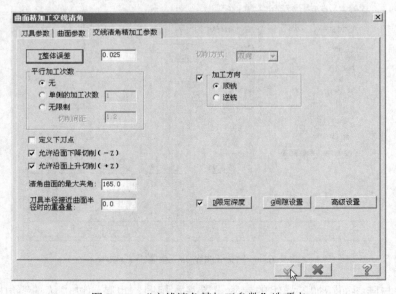

图 9-65   "交线清角精加工参数"选项卡

9.4.9 残料清角精加工

在"刀具路径"菜单中选择"曲面精加工"→"精加工残料清角"命令,可打开残料清角精加工模组。该模组用于清除由于大直径刀具加工所造成的残留材料,需要与其他精加工模组配合使用。可以通过如图 9-66 所示的"残料清角精加工参数"选项卡来设置该模组的参数。

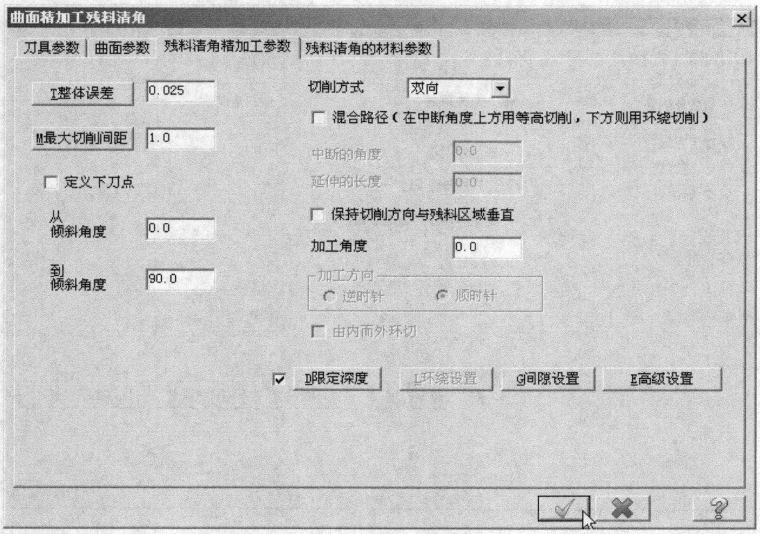

图 9-66 "残料清角精加工参数"选项卡

该加工模组特有的参数是"残料清角的材料参数"选项卡,如图 9-67 所示。该选项卡用于由粗加工用的刀具参数计算剩余材料,参数包括"粗铣刀具的刀具直径"和"粗铣刀具的刀具半径",同时还可以指定"重叠距离",来增大残料精加工的区域。

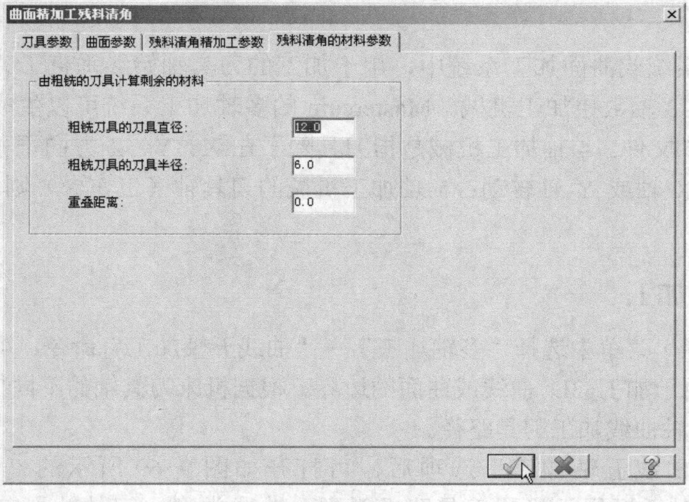

图 9-67 "残料清角的材料参数"选项卡

9.4.10　环绕等距精加工

在"刀具路径"菜单中选择"曲面精加工"→"精加工环绕等距加工"命令，可打开环绕等距精加工模组。该模组用于生成一组等距环绕工件曲面的精加工刀具路径。可以通过如图 9-68 所示的"环绕等距精加工参数"选项卡来设置一组该模组特有的参数。

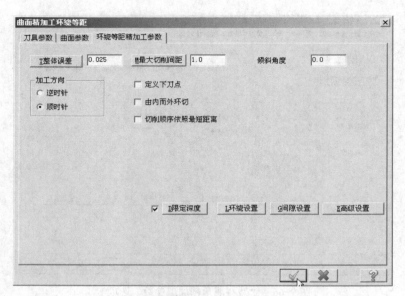

图 9-68　"环绕等距精加工参数"选项卡

该组参数的设置与前面介绍过的对应参数的设置方法相同。

9.5　多轴加工

在二维加工系统或曲面加工系统中，用于加工的刀具轴始终垂直于刀具面，其生成的 NC 文件仅适用于 3 轴数控加工机械。Mastercam 的多轴加工系统可以生成供 4 轴和 5 轴加工机械使用的 NC 文件。4 轴加工机械是指刀具除了在 X、Y、Z 方向平移外，刀具轴（工作台）还可以绕 X 轴或 Y 轴转动；5 轴加工机械的刀具轴（工作台）则可以绕 X 轴和 Y 轴转动。

9.5.1　5 轴曲线加工

在"刀具路径"菜单中选择"多轴加工"→"曲线五轴加工"命令，可打开 5 轴曲线加工模组。该模组用于加工 3D 曲线或曲面的边界。根据机床刀具轴的不同控制方式，可以生成 3 轴、4 轴或 5 轴曲线加工刀具路径。

在选择了"曲线五轴加工"选项后，可打开如图 9-69 所示的"曲线五轴加工参数"对话框。该对话框用于设置刀具路径类型、曲线类型、刀具轴方向以及刀具的顶点位置等。

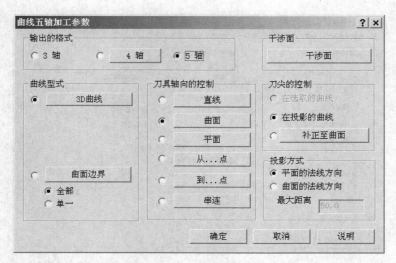

图 9-69 "曲线五轴加工参数"对话框

采用 5 轴曲线加工模组可以选择生成"3 轴"、"4 轴"或"5 轴"刀具路径。选择生成"3 轴"刀具路径时，不需要进行刀具轴方向的设置。

5 轴曲线加工模组的加工几何模型可以为已有的 3D 曲线或曲面边界。当加工的几何模型为曲面边界时，可以选择曲面的"单一"或"全部"的边作为生成刀具路径的几何模型。

"曲线五轴加工参数"对话框中各选项的意义如下。

直线：系统根据选取的基准线来定义刀具轴方向，单击"直线"按钮，可在绘图区选取基准线。

曲面：系统以基准曲面的法线方向作为刀具轴方向，当几何模型为曲面边界时，系统自动将该曲面作为基准曲面；若几何模型为 3D 曲线，则需单击"曲面"按钮返回绘图区选取基准曲面。

平面：刀具轴方向垂直于选取的基准平面，单击"平面"按钮，可在绘图区定义一个基准面。

从…点：刀具轴线向后延伸交于选取的基准点，单击"从…点"按钮后，可在绘图区选取基准点。

到…点：刀具轴线向前延伸交于选取的基准点，单击"到…点"按钮后，可在绘图区选取基准点。

在"刀尖的控制"栏中，刀尖可以设置为"在选取的曲线"、"在投影的曲线"。"在投影的曲线"选项仅当采用"曲面"方式设置刀具轴方向时有效，这时投影曲面即为定义刀具轴方向的基准曲面。"补正至曲面"选项需指定一个投影曲面，其投影方向为曲线上各点的刀具轴方向。当用"曲面"方式设置刀具轴方向时，投影方向可选择为"平面的法线方向"或"曲面的法线方向"进行投影。

在 5 轴曲线加工模组中，除了加工对象及刀具轴方向的设置外，还需设置共有的刀具参数和多轴参数以及该模组特有的一组参数。可通过如图 9-70 所示的"曲线五轴加工参数"选项卡来设置该组参数。

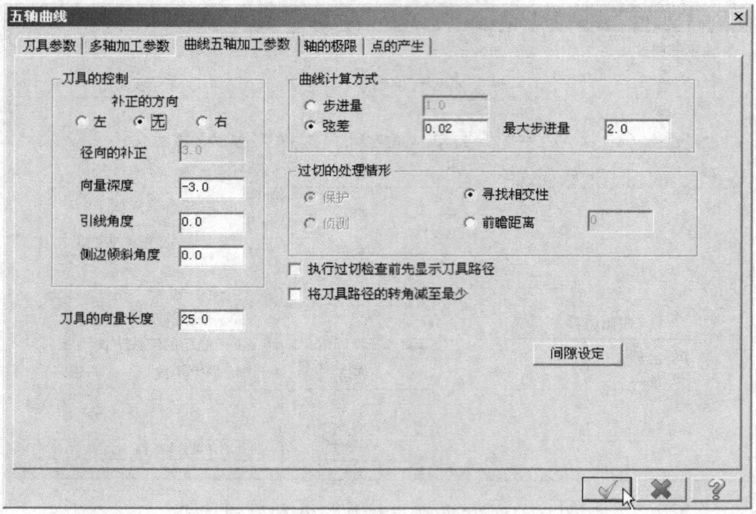

图 9-70 "曲线五轴加工参数"选项卡

该选项卡主要用于刀具偏置、拟合精度及圆凿处理的设置。

"刀具的控制"栏包括"补正的方向"、"径向的补正"、"向量深度"、"引线角度"（设置前倾或后倾的角度）和"侧边倾斜角度"等参数。

在刀具路径与曲线拟合精度的设置中，可采用"步进量"进行固定步长刀具路径的拟合或按设置"弦差"进行刀具路径的拟合。

9.5.2 5 轴钻孔

在"刀具路径"菜单中选择"多轴加工" →"钻孔五轴加工"命令，可打开 5 轴钻孔模组。该模组可按不同的方向进行钻孔加工。可以生成 3 轴、4 轴或 5 轴钻孔刀具路径。

在选择了"钻孔五轴加工"选项后，系统打开如图 9-71 所示的"五轴钻孔参数"对话框。该对话框用于设置刀具路径类型、点的类型、刀具轴方向以及点的位置等。

图 9-71 "五轴钻孔参数"对话框

采用 5 轴钻孔模组生成刀具路径时，刀具路径的类型可以选择为"3 轴"、"4 轴"或"5 轴"。

在选择点时可以选择已有"点"或直线的端点"点/直线"作为生成刀具路径的几何模型。当选中直线的端点作为生成刀具路径的几何模型时，不能进行刀具轴设置，这时刀具轴方向由选取的直线来控制。

在"刀具轴向的控制"栏中，当选中"与线平行"选项时，将刀具轴设置为与选取直线平行；当选中"曲面"选项时，系统以选取的基准曲面法线方向作为刀具轴方向；当选中"平面"选项时，刀具轴方向垂直于选取的平面。

设置孔中心点位置的方法与 5 轴曲线加工模组中刀具顶点位置的设置方法相同。

用于定义 5 轴钻孔刀具路径的其他参数与二维钻孔模组中使用的参数相同。

9.5.3　沿边 5 轴加工

在"刀具路径"菜单中选择"多轴加工"→"沿边五轴加工"命令，可打开沿边 5 轴铣削模组。该模组用刀具侧刃来对工件的侧壁进行加工。根据刀具轴的不同控制方式，可以生成 4 轴或 5 轴侧刃铣削刀具路径。

在选择了"沿边五轴加工"选项后，系统打开如图 9-72 所示的"沿边五轴加工"对话框。该对话框用于设置刀具路径类型、侧壁的类型、刀具轴方向以及刀具顶点的位置等参数。

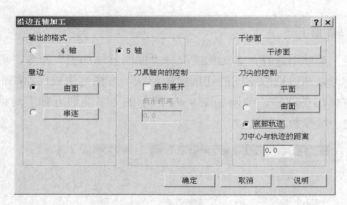

图 9-72　"沿边五轴加工"对话框

对于沿边 5 轴铣削模组，其生成的刀具路径类型可以设置为生成 4 轴刀具路径或 5 轴刀具路径。在选择用于加工的侧壁时，可以选择曲面作为侧壁，也可以通过选取两个曲线串连来定义侧壁。在选择曲面作为侧壁时需要在该曲面上指定侧壁的下沿。在选择两个曲线串连来定义侧壁时，首先选取的串连为侧壁的下沿。

在沿边 5 轴铣削加工中，刀具轴方向为沿侧壁的方向。当选中"扇形展开"复选框时，刀具在每一个侧壁的终点处按设置距离展开加工表面。

在"刀尖的控制"栏，当选中"平面"选项时，选取一个基准平面作为刀具路径的下底面；当选中"曲面"选项时，选取一个基准曲面作为刀具路径的下底面；当选中"底部轨迹"单选按钮时，将侧壁下沿上移或下移；在"刀中心与轨迹的距离"文本框输入指定值，作为刀具的顶点。

在 5 轴侧刃铣削模组中，除了加工对象及刀具轴方向的设置外，还需设置共有的刀具参数和多轴参数以及一组该模组特有的参数。可通过图 9-73 所示"沿边五轴加工参数"选项卡来设置该组参数。

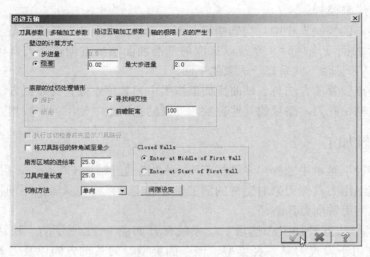

图 9-73　"沿边五轴加工参数"选项卡

9.5.4　多曲面 5 轴加工

在"刀具路径"菜单中选择"多轴加工"→"曲面五轴加工"命令，可打开多曲面 5 轴加工模组。该模组可以通过选取不同的切削样板形状，方便地生成已绘制曲面，自定参数的圆柱、圆球、立方体加工路径。使用如图 9-74 所示的"多曲面五轴"对话框来设置曲面 5 轴加工模组特有的一组参数。

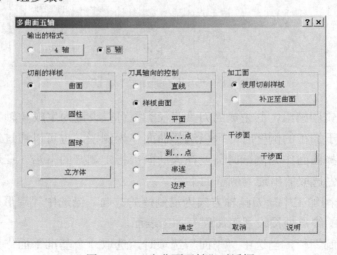

图 9-74　"多曲面五轴"对话框

9.5.5　沿面 5 轴加工

在"刀具路径"菜单中选择"多轴加工"→"沿面五轴加工"命令，可打开沿面 5 轴加工模组。该模组与曲面的沿边加工模组相似，但其刀具轴方向为曲面的法线方向。可以通过控制残留高度和进给量来生成精确、平滑的精加工刀具路径。可以用如图 9-75 所示的"沿面五轴加工参数"选项卡来设置沿面 5 轴加工模组特有的一组参数。

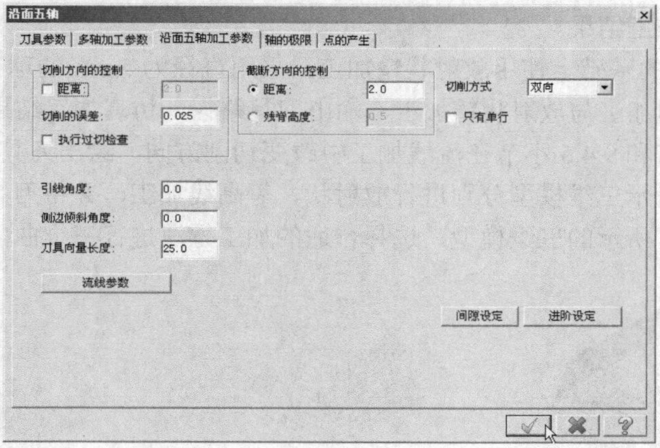

图 9-75　"沿面五轴加工参数"选项卡

该组参数与曲面的流线加工模组的特有参数相比，增加了刀具轴倾斜设置选项。其中，"引线角度"文本框用来指定"前倾"或"后倾"角度；"侧边倾斜角度"文本框用来指定侧倾的角度。

9.5.6　4 轴旋转加工

在"刀具路径"菜单中选择"多轴加工"→"旋转四轴加工"命令可打开 4 轴旋转加工模组。其刀具轴或工作台可以在垂直 Z 轴的方向上旋转。同样可通过如图 9-76 所示的"旋转四轴加工参数"选项卡来设置 4 轴旋转加工模组特有的一组参数。该组参数设置方法与前面介绍的各模组中对应参数的设置方法相同，在此不再赘述。

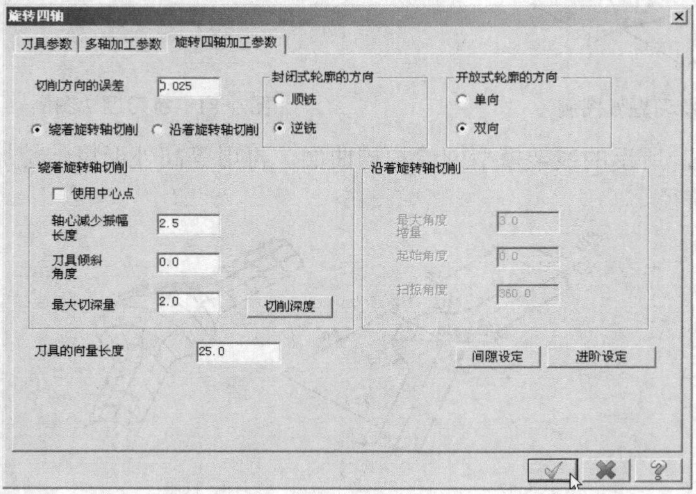

图 9-76　"旋转四轴加工参数"选项卡

9.6 习题与练习

1．对图 9-77 中的三维模型进行平行式粗加工操作，采用直径为 8mm 的球头铣刀，输出刀具路径、仿真加工结果。

2．在练习题 1 的基础上使用放射状精加工，采用直径为 5mm 的球刀，应用操作管理器对模型进行平行式粗加工与放射状精加工，输出刀具路径、仿真加工结果。

3．按 9.3.6 小节和 9.4.5 小节在流线加工中改变切削方向，绘出刀具路径。

4．对图 9-78 所示三维模型分别进行放射状、等高线加工，并将刀具路径作对比。

5．对如图 9-79 所示的三维模型，选择合适的加工方法进行三维曲面粗、精加工。

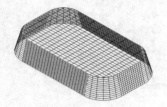
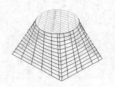
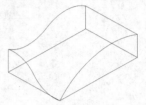

图 9-77　练习题 1 图例　　　图 9-78　练习题 4 图例　　　图 9-79　练习题 5 图例

6．用图 9-80 所示线架模型创建昆氏曲面，再用平行铣削粗、精加工模组加工该曲面，并生成刀具路径。

7．用图 9-81 所示的线架模型创建两个直纹曲面并在两个曲面间倒出半径为 5mm 的圆角，再用流线粗、精加工模组加工该曲面，并生成刀具路径。

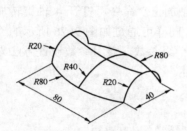
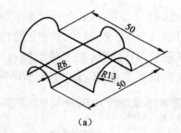

图 9-80　练习题 6 图例　　　　　　图 9-81　练习题 7 图例

8．用图 9-82 所示的线架模型创建扫描曲面，再用等高外形粗、精加工模组加工该曲面，并生成刀具路径。

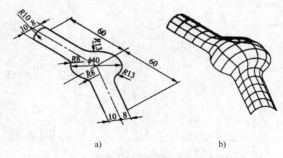

图 9-82　练习题 8 图例

第 10 章　数控车床加工

本章主要讲述 Mastercam X 的车床模块。车床模块可生成多种车削加工路径，包括简式车削、车端面、径向车削、钻孔、螺纹车削、切断、C 轴加工等加工路径。

10.1　数控车床加工基础知识

数控车床加工系统的各模组生成刀具路径之前，也要进行工件、刀具及材料参数的设置，其材料的设置与铣床加工系统相同，但工件和刀具的参数设置与铣床加工有较大的不同。车床系统中几何模型的绘制方法与铣床系统中几何模型的绘制方法有所不同，只需绘制零件图形的一半。在生成刀具路径后，可以用操作管理器进行刀具路径的编辑、刀具路径模拟、仿真加工模拟以及后处理等操作。操作管理器的使用方法与铣床加工系统相同。

10.1.1　车床坐标系

一般数控车床使用 X 轴和 Z 轴两轴控制。其中 Z 轴平行于机床主轴，+Z 方向为刀具远离主轴方向指向机床尾部；X 轴垂直于车床的主轴，+X 方向为刀具离开主轴线方向。当刀座位于操作人员的对面时，远离机床和操作人员方向为+X 方向；当刀座位于操作人员的同侧时，远离机床靠近操作人员方向为+X 方向。有些车床有主轴（C 轴）角位移控制，即主轴的旋转角度可以精确控制。

在车床加工系统中绘制几何模型要先进行数控机床坐标系设定。选择状态栏中的 构图面 进行坐标设置，如图 10-1 所示。车床坐标系中的 X 方向坐标值有两种表示方法：半径值和直径值。当采用字母 X 时表示输入的数值为半径值；采用字母 D 时表示输入的数值为直径值。

在车床加工中，工件一般都是回转体，所以，在绘制几何模型时只需绘制零件的一半外形，即母线，如图 10-2 所示。注意，所绘制的轴线必须与绘图区的 Z 轴重合。

图 10-1　坐标系设置

螺纹、凹槽及切槽面的外形可由各加工模组分别定义。有些几何模型在绘制时只要确定其控制点的位置，而不用绘制外形。控制点即螺纹、凹槽及切槽面等外形的起止点，绘制方法与普通点相同。图 10-2 中的"×"即控制点。

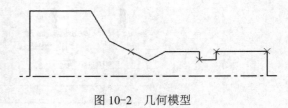

图 10-2　几何模型

10.1.2 刀具参数

在"刀具路径"菜单中选择"刀具管理器"命令，打开如图 10-3 所示的"刀具管理"对话框。在刀具列表中单击鼠标右键，打开快捷菜单。该快捷菜单中各选项的功能与铣床加工系统中"刀具管理"对话框中快捷菜单的对应选项相同。

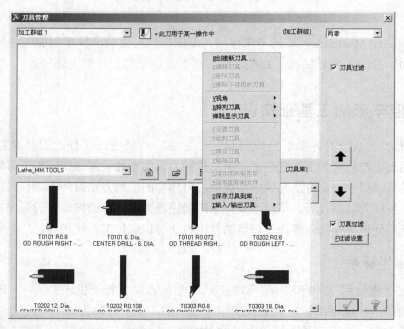

图 10-3   "刀具管理"对话框及快捷菜单

在采用不同的加工模组生成刀具路径时，除了设置各模组特有的一组参数外，还需要设置一组共同的刀具参数。车床加工模组的"刀具路径参数"选项卡，如图 10-4 所示。

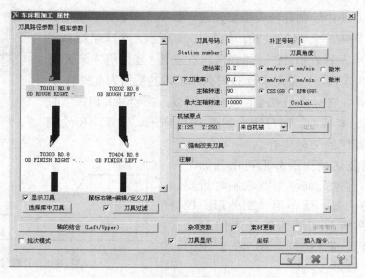

图 10-4   "刀具路径参数"选项卡

车刀通常由刀头、刀柄两部分组成。所以车床系统刀具的设置包括刀具类型、刀头、刀柄及刀具参数的设置。

1. 刀具类型

车床系统提供了一般车削、车螺纹、径向车削/截断、镗孔、钻孔/攻牙／铰孔及自设 6 种类型的刀具，如图 10-5 所示。

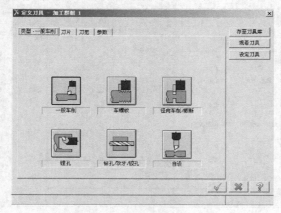

图 10-5　"定义刀具"选项卡

2. 刀片参数

在常用的车削刀具中，只有外径车削刀具和内孔车削刀具刀片设置参数相同，用于刀片参数设置的"刀片"选项卡，如图 10-6 所示。

外圆车刀和内孔车刀的刀片参数中，主要需设置刀片材质、型式、截面形状、离隙角（后角）、内圆直径或周长、刀片宽度、厚度及刀鼻半径等参数。所有这些参数可在相应的列表框或下拉列表框中选择。

螺纹车削刀具刀片的设置内容有：型式、刀片图形和用于加工的螺纹类型。其中刀片样式可以在"型式"列表框中选取，当选取了刀片样式后，系统在"刀片图形"栏显示出被选取刀片的外形特征尺寸，可在对应的文本框中设置刀片的各几何参数。设置螺纹车削刀具刀片的选项卡，如图 10-7 所示。

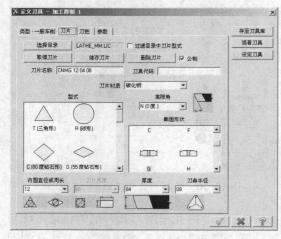

图 10-6　"刀片"选项卡

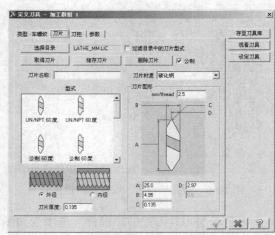

图 10-7　螺纹车削刀具的刀片设置

径向车削／截断车削刀具刀片的设置与螺纹车削刀具刀片的设置基本相同，主要包括型式、刀片图形和刀片材质的设置。设置径向车削／截断车削刀具刀片的选项卡，如图 10-8 所示。

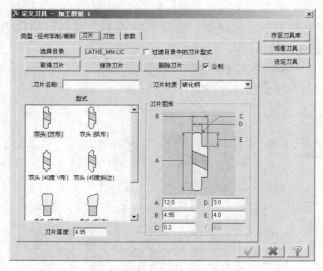

图 10-8　径向车削／截断车削刀具的刀片设置

用于钻孔／攻牙／铰孔的刀具在"刀具型式"栏中提供了 8 种不同的类型，设置钻孔／攻牙／铰孔刀具的选项卡，如图 10-9 所示。

3．刀柄与夹头

刀具不同，其刀把也不相同。外圆刀具的"刀把"选项卡如图 10-10 所示。设置与螺纹车削刀具和径向车削／截断车削刀具基本一样，这 3 种车削刀具刀把的设置都需设置"型式"、"刀把图形"和"刀把断面形状"3 种参数来定义。

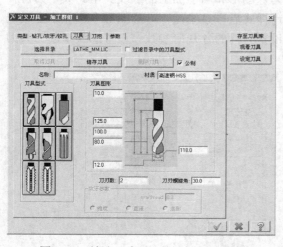

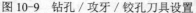

图 10-9　钻孔／攻牙／铰孔刀具设置

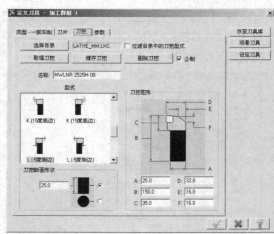

图 10-10　外圆刀具的"刀把"选项卡

镗孔车削刀具刀把的"镗杆"选项卡如图 10-11 所示。内孔车削刀具刀把的设置方法与外径车削刀具刀把的设置方法基本相同，也需要设置"型式"和"刀把图形"。内孔车削刀具刀把均采用圆形截面，不需要设置。

　　用于设置钻孔／攻牙／铰孔刀具夹头参数的"刀把"选项卡，如图 10-12 所示。对于钻孔／攻牙／铰孔刀具的夹头只需定义其几何外形尺寸。

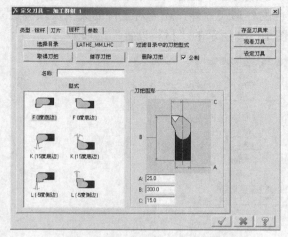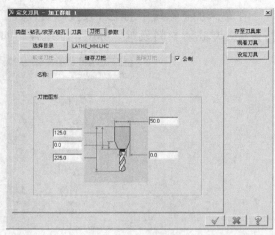

图 10-11　内孔车削刀具的刀把设置　　　　　图 10-12　钻孔／攻牙／铰孔刀具夹头参数

4．切削刀具参数

　　各种车刀参数的设置都是一样的，可以通过如图 10-13 所示的"参数"选项卡来进行刀具参数的设置。

　　"参数"选项卡中主要包括以下参数。

　　程式参数：刀具号码、刀塔号码、刀具补正号码和刀具背面补正号码参数。

　　预设的切削参数：进给率、主轴转速、切削速度等参数。

　　刀具路径参数：切削深度、重叠量及退刀量等参数。

　　补正：设置刀具刀尖位置类型。

图 10-13　设置刀具的参数

10.1.3　工件设置

在"刀具路径管理器"的"属性"选项组中选择"材料设置"选项，系统打开"机器群组属性"对话框。可以使用该对话框来进行车床加工系统的工件设置、刀具设置及材料设置等。

在车床加工系统中的工件设置除要设置工件的外形尺寸外，还需对工件的夹头及顶尖进行设置，单击"材料设置"标签，系统弹出如图 10-14 所示的"材料设置"选项卡。

图 10-14　"材料设置"选项卡

工件外形通过"Stock（素材）"栏来设置。首先需设置工件的主轴方向，可以设置为左主轴或右主轴，系统的默认设置为左主轴。车床加工系统的工件是以车床主轴为回转轴的回转体。回转体的边界可以用串连或参数来定义。

在"Stock"栏中单击 参数... 按钮，系统打开如图 10-15 所示的对话框。可以在该对话框中进行工件的外径、内径及长度等参数设置，也可单击 由两点产生 按钮，通过矩形进行工件外形的设置。

"Chuck（夹头）"栏用来设置工件夹头。工件夹头的设置方法与工件外形的设置方法基本相同。其主轴转向也可设置为左向（系统默认设置）或右向。夹头的外形边界可以用串连、矩形或已绘制工件夹头外形来定义。图 10-16 为定义的夹头外形。

顶尖通过"Tailstock（尾座）"栏来设置尾座顶尖的外形，其设置与夹头的外形设置相同，也可以用串连、矩形或已绘制工件夹头外形来定义。图 10-17 为设置的顶尖外形。

工件外形、夹头外形和顶尖外形设置都是用来定义加工过程中的安全边界的。在定义了安全边界后还需定义两个安全距离，安全距离通过"Tool Clearance（刀具位移的安全间隙）"栏来设置。其中"快速位移（Rapid）"文本框用于设定快速位移（G00）时刀具与工件的安全间隙；"进入/退出（Entry/Exit）"用于指定进刀 / 退刀时刀具与工件的安全间隙。

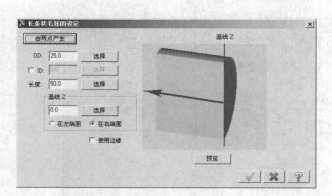

图 10-15　定义工件外形

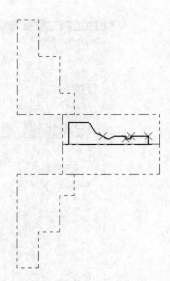

图 10-16　定义夹头外形

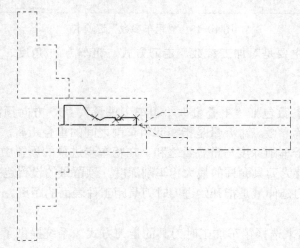

图 10-17　设置顶尖外形

10.2　粗车、精车参数

粗车与精车模组都可用于切除工件的多余材料，使工件接近于最终的尺寸和形状，为最终加工作准备。两个模组的参数基本相同。

10.2.1　粗车参数

选择"刀具路径"菜单中的"粗车"选项，可调用粗车模组。粗车模组用来切除工件上大余量的材料，使工件接近于最终的尺寸和形状，为精加工作准备。工件的外形通过在绘图区选取一组曲线串连来定义。该模组所特有的参数可用如图 10-18 所示的"粗车参数"选项卡来进行设置。

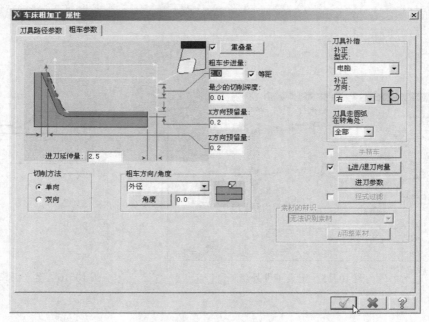

图 10-18 "粗车参数"选项卡

该组参数的设置主要是对加工参数、走刀方式、粗车方向/角度、刀具偏置及切进参数等进行设置。

1．加工参数

粗车模组的加工参数包括"重叠量"、"粗车步进量"、"X 方向预留量"、"Z 方向预留量"、"进刀延伸量"等参数。重叠量是指相邻粗车削之间的重叠距离，当设置了重叠量时，每次车削的退刀量等于车削深度与重叠量之和。在粗车步进量的设置中，若选中"等距"复选框，则粗车深度设置为刀具允许的最大粗车削深度。预留量的设置包括在 X 和 Z 两个方向上设置预留量。进刀延伸量是指开始进刀时刀具距工件表面的距离。

2．切削方法

"切削方法"栏用来选择粗车加工时刀具的走刀方式。系统提供了两种走刀方式：单向和双向。一般设置为单向车削加工，只有采用双向刀具进行粗车加工时才能选择双向车削走刀方式。

3．粗车方向/角度

"粗车方向/角度"栏用来选择粗车方向和指定粗车角度。该栏有 4 种粗车方向：外径、内径、端面直插和背面，以及"角度"选项。

4．刀具补偿

在车床加工系统中，刀具偏置包括"电脑"和"控制器"两类。其设置方法与铣床系统中的设置方法相同。

5．进刀/退刀路径

在图 10-18 中选中"进/退刀向量"前的复选框并单击此按钮，打开如图 10-19 所示的"输入/输出"对话框。该对话框用于设置粗车加工车削刀具路径的进刀／退刀刀具路径。其中"导入"选项卡用于设置进刀刀具路径，"导出"选项卡用于设置退刀刀具路径。

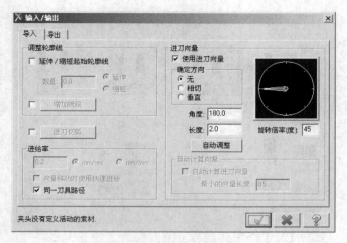

图 10-19 设置进刀／退刀刀具路径

在车床加工系统中，可以通过"调整轮廓线"来设置进刀／退刀刀具路径，也可以通过添加"进刀向量"来设置进刀／退刀刀具路径。

添加"进刀向量"方式只能用于添加直线式的进刀／退刀刀具路径。直线刀具路径由固定的方向和长度来定义。进刀向量的方向可以采用指定角度，也可设置为与刀具路径"相切"或与刀具路径"垂直"。调整串连外形的方法有 3 种：延长/缩短起始轮廓线、增加线段和进刀切弧。串连的延伸或回缩方向沿串连起点处的切线方向，延伸或回缩的距离可由"长度"文本框来指定。

添加直线的长度和角度可由"新轮廓线"对话框来设置。单击"增加线段"按钮，系统打开该对话框，如图 10-20 所示。添加圆弧的半径及扫掠角度可由"进/退刀切弧"对话框来设置。单击"进刀切弧"按钮，系统打开该对话框，如图 10-21 所示。

图 10-20 "新轮廓线"对话框

图 10-21 "进/退刀切弧"对话框

6. 进刀参数

单击"进刀参数"按钮，打开如图 10-22 所示的"进刀的切削参数"对话框。通过该对话框可设置粗车加工中的切进参数。

该对话框由"进刀的切削设定"、"刀具宽度补正"和"切削的起始位置"栏组成。"进刀的切削设定"栏用来设置在加工中的切进形式。第一个选项为不允许切进加工；第二个选项为允许切进加工；第三个选项为允许径向切进加工；第四个选项为允许端面切进加工。若不允许切进车削，生成刀具路径时忽略所有的切进部分。设置刀具宽度补正的方式有两种：使用刀具宽度和使用进刀的离隙角。当采用刀具宽度来设置时，要在"切削的起始位置"栏中设置开始切削时加工刀具的角点位置；如采用进刀的离隙角来设置刀具宽度补正，则需在"进刀的离隙角"文本框中指定安全角度。

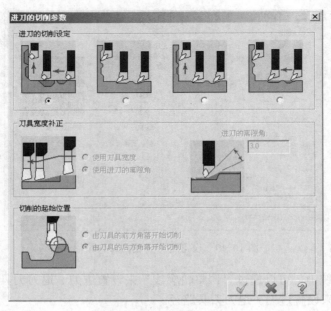

图 10-22　设置进刀参数

10.2.2　精车参数

选择"刀具路径"菜单中的"精车"选项，可以调用精车模组。精车模组可用于切除工件外形外侧、内侧或端面的小余量材料。与其他加工模组相同，也要在绘图区选取加工模型串连来定义工件的外形。该模组的参数可用如图 10-23 所示的选项卡来进行设置。

精车模组与粗车模组特有参数的设置基本相同。可以根据粗车加工后的余量及"X(Z)方向预留量"来设置"精修步进量"及"精修次数"。

10.2.3　实例

对如图 10-24 所示模型进行外圆车削加工。

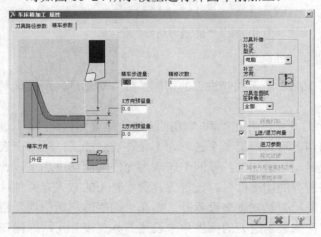

图 10-23　"精车参数"选项卡

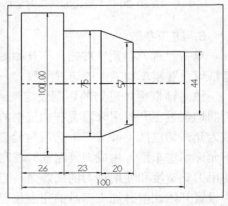

图 10-24　零件模型

操作步骤如下：

1）在"刀具路径管理器"的"属性"选项组中选择"材料设置"选项，系统打开"机器群组属性"对话框，对工件外形、夹头外形进行设置，如图 10-25 所示。

2）在菜单栏中选取"刀具路径"→"粗车"命令，系统弹出"串连选项"对话框。使用"局部串连"选取加工轮廓的第一个和最后一个对象后单击 ✓ 按钮，如图 10-26 所示。

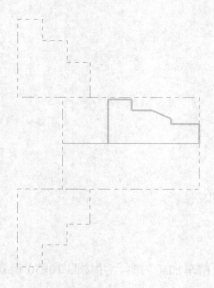

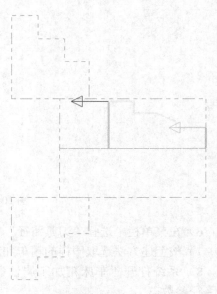

图 10-25　工件设置　　　　　　　　　　　　　图 10-26　串连外形

3）系统打开"车床粗加工属性"对话框，在刀具库列表中选用粗车刀具，按图 10-27 设置刀具路径参数。

4）打开"粗车参数"选项卡，按图 10-28 设置粗车参数。

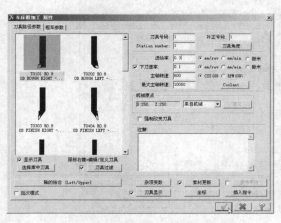

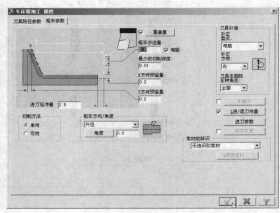

图 10-27　设置刀具路径参数　　　　　　　　　图 10-28　设置粗车参数

5）单击"车床粗加工属性"对话框中的 ✓ 按钮，可生成如图 10-29 所示的刀具路径。

227

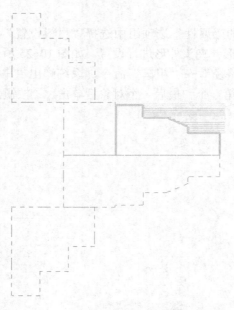

图 10-29　粗车加工刀具路径

6）在菜单栏中选择"刀具路径"→"精车"命令。

7）按上述方法选取同样的精车加工模型进行串连。

8）系统打开"车床精加工属性"对话框，选用精车加工刀具，并按图 10-30 设置刀具路径参数。

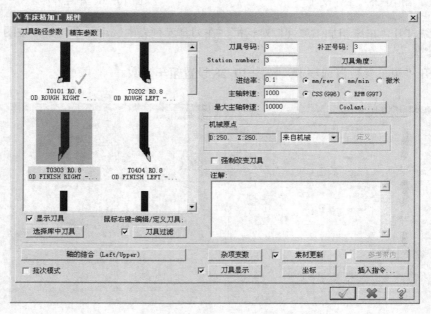

图 10-30　设置精车加工刀具路径参数

9）打开"精车参数"选项卡，按图 10-31 设置精车参数。

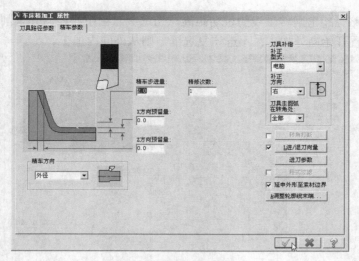

图 10-31　设置精车参数

10）单击 ✓ 按钮，即可生成刀具路径。单击"操作管理器"中的 🖉 按钮进行仿真加工（见图 10-32），加工结果如图 10-33 所示。

图 10-32　操作管理器

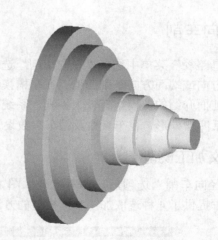

图 10-33　仿真加工结果

10.3　端面车削

在"刀具路径"菜单中选择"车端面"选项，可以调用端面车削模组。端面车削模组用于车削工件的端面。车削区域由两点定义的矩形区来确定。该模组的参数可用如图 10-34 所示的"车端面参数"选项卡来设置。

在该选项卡中，特有的参数有"X 方向过切量"和"由中心线向外车削"两个参数，其他参数的设置与前面各模组中对应的参数设置相同。其中，"X 方向过切量"文本框用于指定在加工中车削路径超出回转轴线的过切距离。当选中"由中心线向外车削"复选框时，从工件旋转轴的位置开始向外加工；不选该复选框，则从外向内加工。

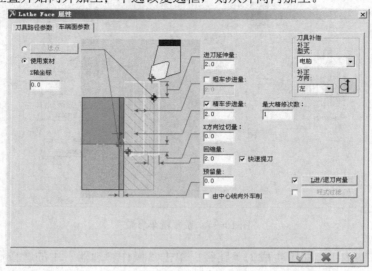

图 10-34　设置端面车削模组的参数

10.4　径向车削

在"刀具路径"菜单中选择"径向车削"选项，可以调用车槽模组。车槽模组可以在垂直车床主轴方向或端面方向车削凹槽。在车槽模组中，其加工几何模型的选取及其特有参数的设置均与前面介绍的各模组有较大不同。系统提供了多种定义加工区域的方法，其特有参数的设置包括凹槽外形、粗车参数及精车参数设置。

10.4.1　定义加工模型

选择"径向车削"选项后，即可打开如图 10-35 所示的"径向车削的切槽选项"对话框。该对话框提供了 4 种选取加工几何模型的方法来定义车槽加工区域形状。

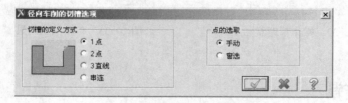

图 10-35　"径向车削的切槽选项"对话框

1 点：在绘图区选取一点，将该选取点作为挖槽的一个起始角点。实际加工区域大小及外形还需通过设置挖槽外形来进一步定义。

2 点：在绘图区选取两个点，通过这两个点来定义挖槽的宽度和高度。实际的加工区域大小及外形还需通过设置挖槽外形来进一步定义。

3 直线：在绘图区选取 3 条直线，而选取的 3 条直线为凹槽的 3 条边。这时选取的 3 条直线仅可以定义挖槽的宽度和高度。同样，实际的加工区域大小及外形也需通过设置挖槽外形来进一步定义。

串连：在绘图区选取串连来定义加工区域的内外边界。这时挖槽的外形由选取的串连定义，在挖槽外形设置中只需设置挖槽的开口方向，且只能使用挖槽的粗车方法加工。

10.4.2 加工区域与凹槽形状

切槽的形状及开口方向可以通过"车床开槽属性"对话框的"径向车削外形参数"选项卡来设置。图 10-36a 为设置挖槽外形的"径向车削外形参数"选项卡，该选项卡包括挖槽开口方向、挖槽外形及快捷挖槽三部分的设置。当采用"串连"选项来选取加工模型时，选项卡中没有外形参数的设置，如图 10-36b 所示。

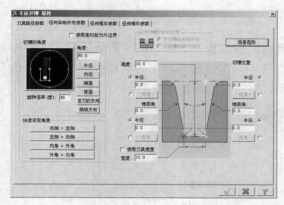 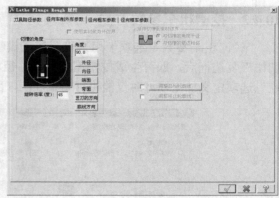

a)   b)

图 10-36 "径向车削外形参数"选项卡

1．设置挖槽开口方向

可用"切槽的角度"栏设置挖槽的开口方向。可以直接在"角度"文本框中输入角度或用鼠标选取圆盘中的示意图来设置挖槽的开口方向，也可以选取系统定义的几种特殊方向作为挖槽的开口方向。

外径：切外槽的进给方向为–X，角度为 90°。

内径：切内槽的进给方向为＋X，角度为–90°。

端面：切端面槽的进给方向为–Z，角度为 0°。

背面：切端面槽的进给方向为+Z，角度为 180°。

进刀的方向：通过在绘图区选取一条直线来定义挖槽的进刀方向。

底线方向：通过在绘图区选取一条直线来定义挖槽的端面方向。

2．定义挖槽外形

系统通过设置挖槽的宽度、高度、锥底角和圆角半径等参数来定义挖槽的形状。若内外角位置采用倒直角方式，则需通过"切槽的倒角设定"对话框来设置倒角外形。"切槽的倒角设定"对话框如图 10-37 所示，包括倒角的宽度、高度、角度、底部半径和顶部半径等参数的设置。其中宽度、高度、角度 3 个参数只需设置其中的两个，系统就会自动计算出另一个参数值的大小。

用"串连"选项来定义加工模型时，不用进行挖槽外形的设置；而用"2 点"和"3 直线"选项来定义加工模型时，不用设置挖槽的宽度和高度。

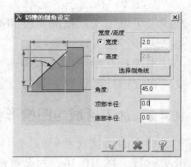

图 10-37　设置倒角外形

3．快捷挖槽设置

"径向车削外形参数"选项卡中的"快速设定角落"栏用于快速设置挖槽的倾角与倒角参数，各按钮含义如下。

右侧=左侧：将挖槽右边的参数设置为与左边相同。

左侧=右侧：将挖槽左边的参数设置为与右边相同。

内角=外角：将槽底倒角的参数设置为与槽口倒角相同。

外角=内角：将槽口倒角的参数设置为与槽底倒角相同。

10.4.3　挖槽粗车参数

"径向粗车参数"选项卡用来设置挖槽模组的粗车参数，如图 10-38 所示。选中"粗车切槽"复选框后，即可生成挖槽粗车刀具路径，否则只生成精车加工刀具路径。当采用"串连"选项定义加工模型时仅能进行粗车加工，所以这时只能选此复选框。

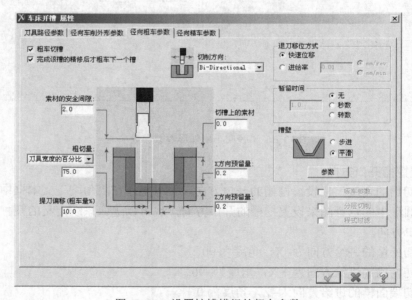

图 10-38　设置挖槽模组的粗车参数

挖槽模组的粗车参数主要包括切削方向、进给量、提刀速度、槽底停留时间、斜壁加工方式、啄车参数及深度参数的设置。

其中"切削方向"下拉列表框用于选择挖宽槽粗车加工时的走刀方向。

Positive（正向）：刀具从挖槽的左侧开始并沿＋Z 方向移动。

Negative（反向）：刀具从挖槽的右侧开始并沿-Z 方向移动。

Bi-Directional（双向）：刀具从挖槽的中间开始并以双向车削方式进行加工。

"粗切量"下拉列表框用于选择定义进给量的方式。

Number of step（次数）：通过指定的车削次数计算出进给量。

Step amount（步进量）：直接指定进给量。

刀具宽度的百分比：将进给量定义为指定的刀具宽度的百分比。

"退刀移位方式"栏用于设置加工中提刀的速度。

快速位移：采用快速提刀。

进给率：按指定的速度提刀。进行倾斜凹槽加工时，建议采用指定速度提刀。

"暂留时间"栏用来设置每次粗车加工时刀具在凹槽底部停留的时间。

无：刀具在凹槽底不停留。

秒数：刀具在凹槽底停留指定的时间。

转数：刀具在凹槽底停留指定的圈数。

"槽壁"栏用来设置当挖槽侧壁为斜壁时的加工方式。

步进：按设置的下刀量进行步进加工，这时将在侧壁形成台阶。

平滑：可以通过单击"参数"按钮，打开"槽壁的平滑设定"对话框，对刀具在侧壁的走刀方式进行设置。

当选中"啄车参数"复选框时，用如图 10-39 所示的"节参数"对话框进行啄车参数设置。啄车参数包括"啄车量的计算"、"退刀移位"及"暂留时间"。

当选中"分层切削"复选框时，用如图 10-40 所示的"切槽的分层切深设定"对话框进行深度分层加工参数的设置。可设置的参数包括切削深度、"深度间的移动方式"及"退刀至素材的安全间隙"。定义进给深度的方式有两种：选中"每次的切削深度"单选按钮时，可直接指定每次的加工深度；选中"切削次数"单选按钮时，通过指定加工次数由系统根据凹槽深度自动计算出每次的加工深度。在"退刀至素材的安全间隙"栏，可以选择"绝对坐标"或"增量坐标"单选按钮。

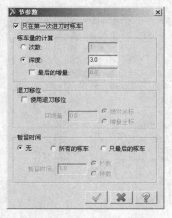

图 10-39　设置啄车参数

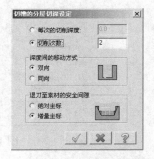

图 10-40　设置深度参数

10.4.4　挖槽精车参数

挖槽模组精车参数可通过如图 10-41 所示的"径向精车参数"选项卡来设置。只有选中"精车切槽"复选框后，此选项卡中的其他参数才可以使用。

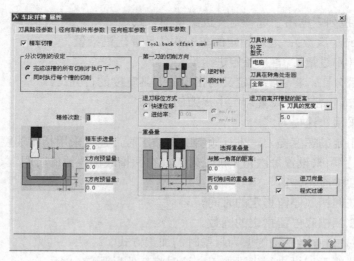

图 10-41　设置挖槽模组的精车参数

精车参数主要包括加工顺序、首次加工方向以及进刀刀具路径的设置。

"分次切削的设定"栏用于设置加工多个切槽且进行多次精车车削时的加工顺序。选中"完成该槽的所有切削才执行下一个"单选按钮时，先执行一个凹槽的所有精加工，再进行下一个凹槽的精加工；当选中"同时执行每个槽的切削"单选按钮时，按层依次进行所有凹槽的精加工。"第一刀的切削方向"栏用于设置首次切削的加工的方向，可以选择为"逆时针"或"顺时针"方向。"进刀向量"复选框，用于在每次精车加工刀具路径前添加一段起始刀具路径。设置起始刀具路径的"进刀向量"对话框，如图 10-42 所示。其设置方法与粗车模组中进刀/退刀刀具路径的设置方法相同。

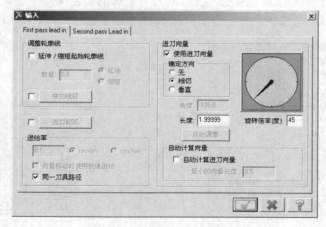

图 10-42　设置起始刀具路径

10.5　快捷车削加工

在"刀具路径"菜单中选择"简式车削"选项可调用简式模组。简式模组可以进行粗车、精车或径向车削。采用该模组生成刀具路径时，需设置的参数较少，该模组一般用于形状简单的粗车、精车或挖槽加工，使用快捷方便。

10.5.1 快捷粗车加工

在"刀具路径"菜单中选择"简式车削"→"粗车"命令可进入"简式粗车加工"对话框，其刀具设置方法与粗车模组相同。"简式粗车参数"选项卡如图 10-43 所示，在此可设置简式粗车加工特有的参数。该选项卡的参数设置比粗车模组参数要简单。其各参数的设置方法与粗车模组中对应参数的设置相同。

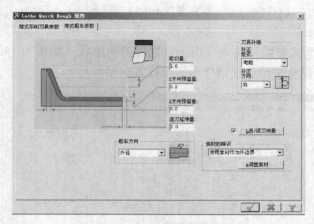

图 10-43　简式粗车参数设置

10.5.2 快捷精车加工

在"刀具路径"菜单中选择"简式车削"→"精车"命令，可进行快捷方式的精车加工参数设置。"简式精车参数"选项卡如图 10-44 所示。

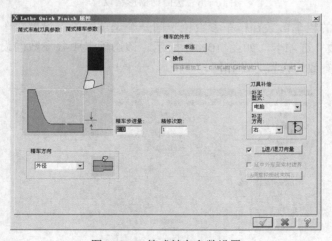

图 10-44　简式精车参数设置

采用该方式进行加工时，可先不选取加工模型，可以选择一个已粗车加工过的模型作为快捷精车加工的对象，也可以选中"串连"单选按钮后，在绘图区选取加工模型。

该选项卡的参数设置比精车模组参数的设置要简单。其各参数的设置方法与精车模组中对应参数的设置相同。

10.5.3 快捷挖槽加工

图 10-45 选取加工模型

在"刀具路径"菜单中选择"简式车削" → "径向车削"命令，可进行快捷方式的挖槽加工。使用该方式进行加工与使用挖槽模组进行加工的方法基本相同，也需先选取加工模型，再进行挖槽外形设置及粗车和精车参数的设置。

定义加工模型时，只有"1 点"、"2 点"和"3 直线"这 3 种方式来定义凹槽位置与形状，如图 10-45 所示。

"简式径向车削型式参数"选项卡用于设置挖槽的形状，如图 10-46 所示。该选项卡中各参数的设置方法与挖槽模组中挖槽外形的设置方法相似。

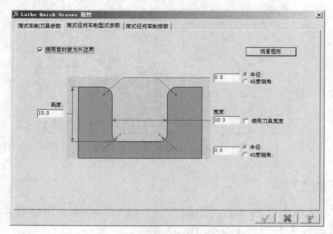

图 10-46 快捷挖槽形状设置

快捷挖槽加工的粗车参数和精车参数位于同一个选项卡中，设置粗车参数和精车参数的"简式径向车削参数"选项卡，如图 10-47 所示。该选项卡中各参数的设置方法与挖槽模组中粗车参数和精车参数的设置方法相同。

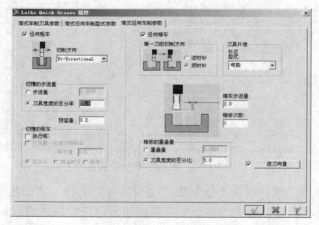

图 10-47 快捷挖槽加工的粗车参数和精车参数设置

236

10.6　钻孔加工

"刀具路径"菜单中的"钻孔"选项为钻孔加工模组。车床加工系统的钻孔模组和铣床加工系统的钻孔模组功能相同，主要用于钻孔、铰孔或攻螺纹。但其加工的方式不同，在车床的钻孔加工中，刀具仅沿 Z 轴移动而工件旋转；而在铣床的钻孔加工中，刀具沿 Z 轴移动并旋转。

在车床的钻孔模组中同样提供了 8 种标准形式和 12 种自定义形式加工方式。设置车床钻孔模组特有参数的选项卡，如图 10-48 所示。

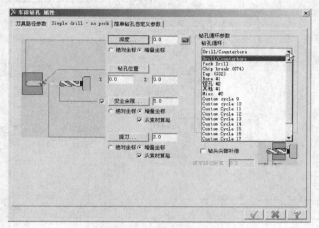

图 10-48　钻孔模组参数

该选项卡中各参数的设置与铣床钻孔模组相同。所不同的是，在铣床钻孔模组中中心孔位置是在绘图区选取，而在车床钻孔模组中中心孔位置通过"钻孔位置"选项，或输入坐标值来设置。

下面以图 10-24 所示工件的钻孔操作过程为例来说明钻孔加工的操作步骤。

1）在"刀具路径"菜单中选择"钻孔"选项。

2）系统打开"车床钻孔 属性"对话框，在刀具列表中选择直径为 8mm 的麻花钻，"刀具路径参数"选项卡的刀具参数设置如图 10-49 所示。

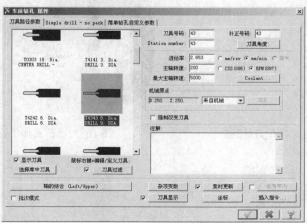

图 10-49　选择设置钻孔刀具参数

3）打开 Simple drill-no peck 选项卡，按图 10-50 设置钻孔参数，其中钻孔深设置为 20mm。

4）单击"车床钻孔属性"对话框中的 ✓ 按钮，然后单击"刀具路径管理器"中的 ≋ 按钮进行刀具路径检验，生成如图 10-51 所示的刀具路径。

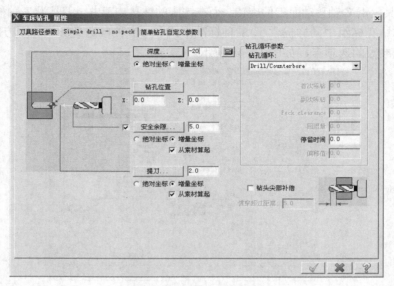

图 10-50　设置钻孔参数

5）在"刀具路径管理器"中单击 ◉ 按钮进行仿真加工检验，结果如图 10-52 所示。

6）退出"刀具路径管理器"，保存文件。

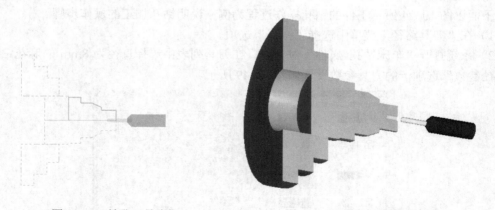

图 10-51　钻孔刀具路径　　　　　　图 10-52　仿真加工检验结果

10.7　截断车削

在"刀具路径"菜单中选择"截断"选项，可调用切断车削模组。该模组用于对工件进行切断或切直槽加工。可以通过选取一个点来定义切槽的位置。用于设置该模组参数的"截断的参数"选项卡，如图 10-53 所示。

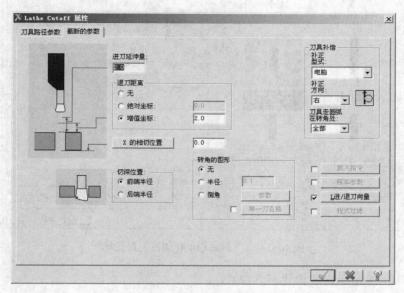

图 10-53 "截断的参数"选项卡

10.7.1 参数设置

该组参数中，特有参数包括最终深度、刀具最终切入位置及起始位置外形的设置。

"X 的相切位置"选项用于设置切槽车削终止点的 X 坐标，系统默认设置为"0"（将工件切断）。

"切深位置"栏用于设置使用主切削刃倾斜的刀片时，刀具切入深度的计算点，为"前端半径"或"后端半径"。

前端半径：刀具的前角点切入至指定的终止点 X 坐标位置。

后端半径：刀具的后角点切入至指定的终止点 X 坐标位置。

"转角的图形"栏用于设置在车削起始点位置的外形。

无：在起始点位置垂直切入，不生成倒角。

半径：按文本框指定的半径生成倒圆角。

倒角：按设置倒角参数生成倒角。倒角参数的设置方法与径向挖槽加工中挖槽角点处倒角设置方法相同。

10.7.2 实例

以图 10-26 所示工件的切槽加工为例，槽宽 4mm，切深 6mm。操作步骤如下：

1）在"刀具路径"菜单中选择"截断"选项，选取工件上的切槽（切断）起始点。系统打开如图 10-54 所示的"Lathe Cutoff 属性"对话框，在刀具库列表中直接选取刀具。

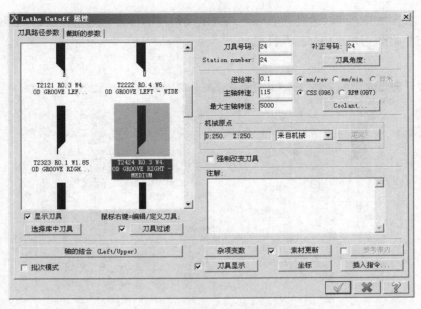

图 10-54 "Lathe Cutoff 属性"对话框

2）按图 10-55 所示内容设置刀具参数。

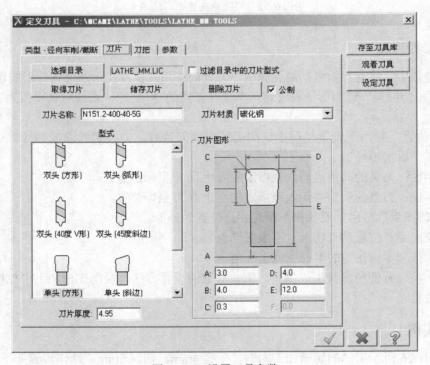

图 10-55 设置刀具参数

3）单击"截断的参数"标签，按图 10-56 所示内容设置切槽车削参数。

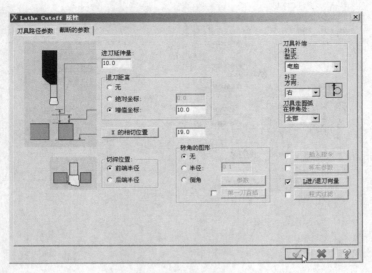

图 10-56　设置切槽车削参数

4）单击"车床截断"对话框中的 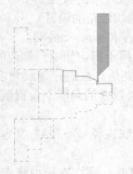 按钮，系统即可生成如图 10-57 所示的刀具路径。

5）在"刀具路径管理器"中单击 按钮进行刀具路径仿真加工检验，仿真加工结果如图 10-58 所示。

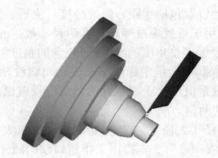

图 10-57　生成刀具路径　　　　　图 10-58　仿真加工结果

10.8　车削螺纹

在"刀具路径"菜单中的"车螺纹"选项为螺纹车削模组。螺纹车削模组可用于加工内螺纹、外螺纹或螺旋槽等。与其他模组不同，使用车削螺纹模组不需要选择加工的几何模型，只要定义螺纹的起始点与终点。车削螺纹模组特有参数包括螺纹外形及螺纹车削参数的设置。

10.8.1　螺纹外形设置

螺纹参数可以通过如图 10-59 所示的"螺纹型式的参数"选项卡来设置，包括螺纹的类型、起点和终点位置及各螺纹参数设置。

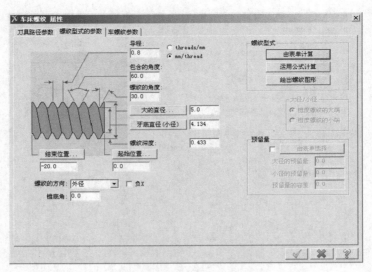

图 10-59　设置螺纹的外形

在"螺纹的方向"下拉列表框中提供了 3 种螺纹类型："外径"、"内径"和"端面/背面"。外螺纹或内螺纹加工时，"起始位置"文本框用于指定螺纹起点的 Z 坐标；"结束位置"文本框用于指定螺纹终点的 Z 坐标。当选择端面螺纹加工时，"起始位置"文本框用于指定螺纹起点的 X 坐标；"结束位置"文本框用于指定螺纹终点的 X 坐标。

螺纹参数设置包括螺距、螺纹角度、大径、底径及螺纹锥角的设置。

"导程"用于设置螺纹螺距，有两种参数：threads/mm 和 mm / thread。

有两个设置螺纹角度的参数："包含的角度"文本框用于指定牙型两侧边的夹角，"螺纹的角度"文本框用于指定螺纹第一条边与螺纹轴垂线的夹角。在进行螺纹角度设置时，"螺纹的角度"设置值应小于"包含的角度"设置值，一般"包含的角度"设置值为"螺纹的角度"设置值的两倍。

"大的直径（大径）"文本框用于指定螺纹大径，"牙底直径（小径）"文本框用于指定螺纹底径，"螺纹深度"文本框用于指定螺纹的螺牙高度。

"锥底角"文本框用于设置螺纹锥角。输入值为正值时，螺纹直径由起点至终点方向线性增大；当输入值为负值时，螺纹直径由起点至终点方向线性减小。

在设置螺纹参数时，可以直接在各文本框中输入各参数值，也可选用"由表单计算"、"运用公式计算"和"绘出螺纹图形"。

10.8.2　螺纹车削参数设置

螺纹的车削参数可用如图 10-60 所示的"车螺纹参数"选项卡来设置。该组参数主要用于设置在螺纹车削加工时的加工方式。主要包括 NC 代码格式、车削深度及车削次数的设置。

系统在"NC 代码的格式"下拉列表框中提供了用于螺纹车削的 4 种 NC 代码格式："螺纹切削"、"切削循环"、"固定螺纹"和"交替切削"。

"切削深度的决定因素"栏用于设置每次车削时车削深度的方式。当选中"相等的切削量"单选按钮时，系统按相同的车削量来设置每次车削的深度；当选中"相等的深度"单选钮时，系统按统一的深度加工。

"切削次数的决定因素"栏用于设置定义车削次数的方式。当选中"第一刀的切削量"

单选按钮时，系统根据指定的"第一刀的切削量"、"最后一刀的切削量"和螺纹深度来计算车削次数；当选中"切削次数"单选按钮时，系统根据设置的车削次数、"最后一刀的切削量"和螺纹深度来计算车削量。

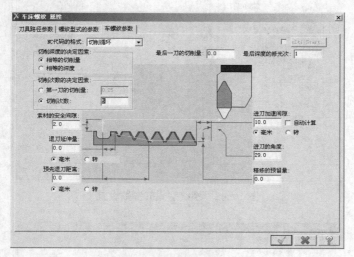

图 10-60　设置螺纹的车削参数

10.8.3　螺纹车削加工实例

下面应用车削螺纹模组完成图 10-24 所示零件的螺纹车削加工，操作步骤如下。

1）在"刀具路径"菜单中选择"车螺纹"选项。

2）打开如图 10-61 所示的"车床螺纹 属性"对话框，在刀具库列表中直接选取外螺纹加工刀具，按图进行设置。

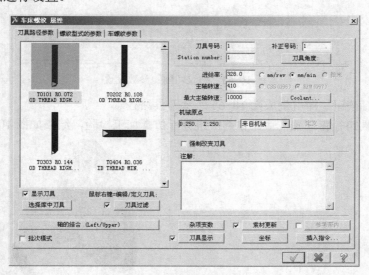

图 10-61　"车床螺纹属性"对话框

3）单击"螺纹型式的参数"标签，按图 10-62 设置螺纹外形参数。

4）单击"车螺纹参数"标签，按图 10-63 设置加工参数。

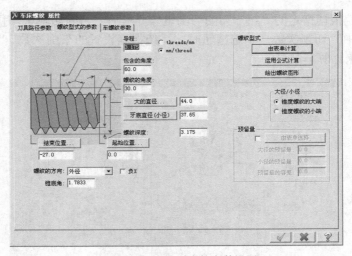

图 10-62　螺纹型式的参数设置

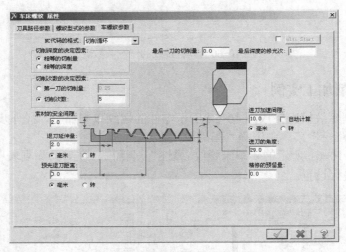

图 10-63　螺纹切削的参数设置

5）单击 <u>　√　</u> 按钮，即可生成图 10-64 所示刀具路径。

6）在"刀具路径管理器"中单击 ⚙ 按钮进行仿真加工检验，结果如图 10-65 所示。

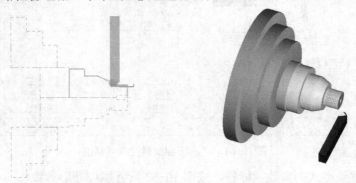

图 10-64　生成刀具路径　　　　　　　图 10-65　仿真加工结果

7）关闭操作管理器，保存文件。

10.9 综合实例

试完成如图 10-66 所示零件的数控车削加工，并生成加工程序。

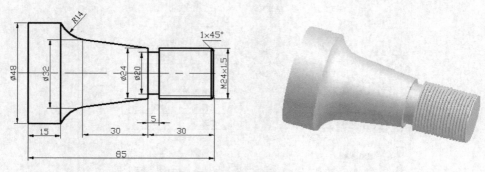

图 10-66 零件模型

操作步骤如下。

1. 建模基本过程

1）启动 Mastercam X，在菜单栏中选取"机床类型"→"车削"→"默认"命令。

2）设置坐标系。单击状态栏中的"构图面"→"车床直径"→"+D +Z"命令，如图 10-67 所示。

3）绘制轮廓线，如图 10-68 所示。螺纹、凹槽及切槽面的外形可由各加工模组分别定义。有些几何模型在绘制时只要确定其控制点的位置，而不用绘制外形。控制点即螺纹、凹槽及切槽面等外形的起止点，绘制方法与普通点相同。

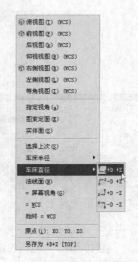

图 10-67 设置构图面

图 10-68 绘制轮廓线

2. 设置工件毛坯

1）单击操作管理器中的"属性"→"材料设置"，系统弹出如图 10-69 所示的"机器群组属性"对话框。

2）单击 Stock 栏中的"参数"按钮，系统弹出如图 10-70 所示"长条状毛坯的设定"对话框，按图中所示内容设置参数。工件的基线设置在右端面。

3）完成毛坯设置后的图形如图 10-71 所示。

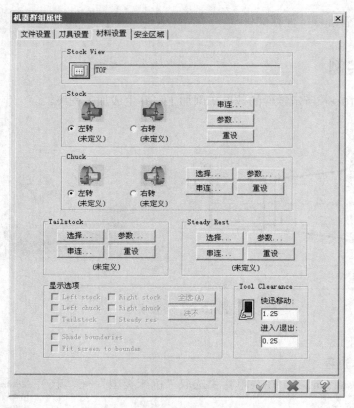

图 10-69　"机器群组属性"对话框

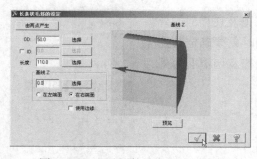

图 10-70　"毛坯的设定"对话框

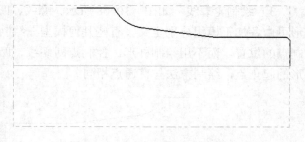

图 10-71　完成毛坯设置后的图形

3．刀具路径规划

1）在"刀具路径"菜单中选择"粗车"选项。

2）系统提示"选择点，或串连外形"，用"串连"的方式选择外形，单击 [✓] 按钮。

3）系统打开"车床粗加工 属性"对话框，选择刀具并设置相关参数，如图 10-72 所示。

4）单击图 10-73 所示对话框中的"进/退刀向量"按钮，设置"导入"参数，如图 10-74 所示，设置"导出"参数，如图 10-75 所示。

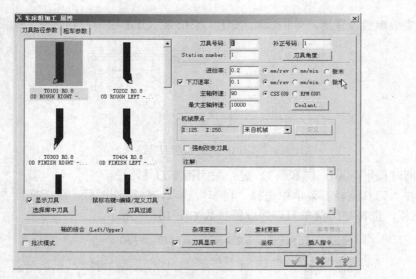

图 10-72　设置刀具路径参数

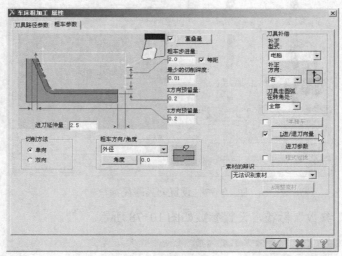

图 10-73　设置粗车参数

图 10-74　设置导入参数

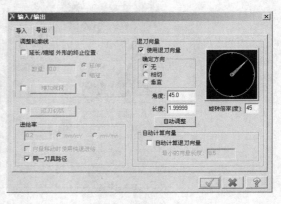

图 10-75　设置导出参数

5）完成参数设置后，单击 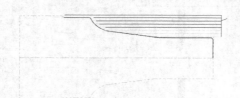 按钮，系统显示外形粗车刀具路径，如图 10-76 所示。

图 10-76　粗车刀具路径

6）同时按下〈Alt〉键和〈T〉键，关闭粗车刀具路径。

7）在"刀具路径"菜单中选择"精车"选项，串连外形后，系统打开"车床精加工 属性"对话框，选择外圆精车刀，并设置参数如图 10-77 所示。

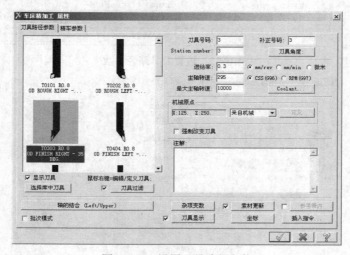

图 10-77　设置刀具路径参数

8）单击"精车参数"标签，设置参数如图 10-78 所示。

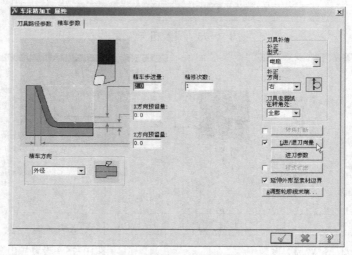

图 10-78　设置精车参数

9）单击对话框中的"进/退刀向量"按钮，设置导入参数，如图 10-79 所示，设置导出参数，如图 10-80 所示。

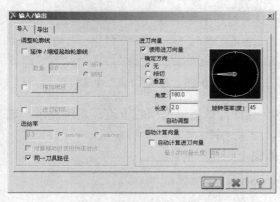

图 10-79　设置导入参数　　　　　　图 10-80　设置导出参数

10）完成参数设置后，单击对话框中的 按钮，生成如图 10-81 所示的精车刀具路径。

图 10-81　生成精车刀具路径

11）同时按下〈Alt〉键和〈T〉键，关闭刀具路径。绘制轮廓线（退刀槽），如图 10-82 所示。

12）在"刀具路径"菜单中选择"径向车削"选项，如图 10-83 所示，系统弹出"径向车削的切槽选项"对话框，如图 10-84 所示。

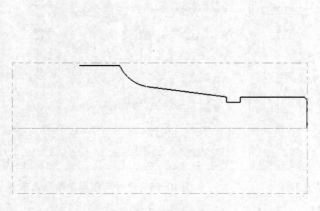

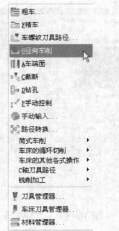

图 10-82　绘制退刀槽　　　　　　图 10-83　选择"径向车削"

249

13）选择"2 点"单选按钮，并单击 按钮，如图 10-85 所示。

图 10-84　"径向车削的切槽选项"对话框　　　　图 10-85　选择"2 点"单选按钮

14）系统提示"由两点定义切槽：请选择第一点"，单击退刀槽右上点；系统提示"选择第二点"，单击退刀槽左下点；按〈Enter〉键，结束选择。

15）系统弹出"车床开槽 属性"对话框，如图 10-86 所示。

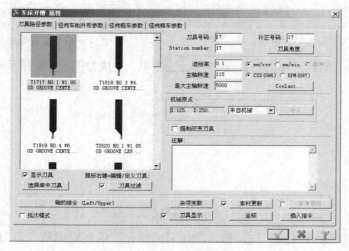

图 10-86　"车床开槽 属性"对话框

16）选择刀具后，按照图 10-87～图 10-89 所示内容设置各选项卡参数。

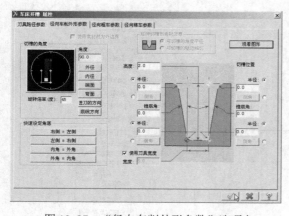

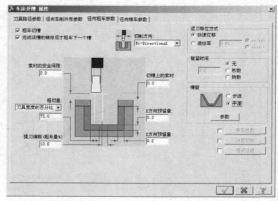

图 10-87　"径向车削外形参数"选项卡　　　　图 10-88　"径向粗车参数"选项卡

17）单击 按钮，系统显示循环径向车削刀具路径，如图 10-90 所示。

250

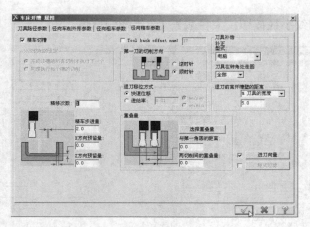

图 10-89   "径向精车参数"选项卡

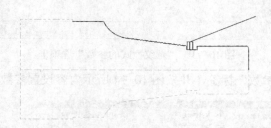

图 10-90   径向车削刀具路径

18）同时按下〈Alt〉键和〈T〉键，关闭循环径向车削刀具路径。

19）在"刀具路径"菜单中选择"车螺纹刀具路径"选项，如图 10-91 所示。

20）系统弹出"车床螺纹属性"对话框，选择刀具并设置参数，如图 10-92 所示。

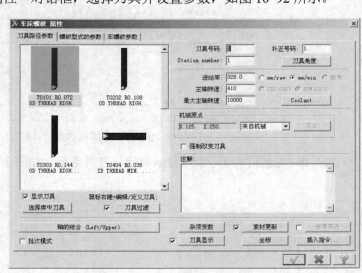

图 10-91   选择"车螺纹刀具路径"   图 10-92   "车床螺纹 属性"对话框

21）单击"螺纹型式的参数"选项卡，并按图 10-93 所示内容设置参数。

注：本例中，螺纹小径按螺纹大径减去 1.3 倍螺距取值。

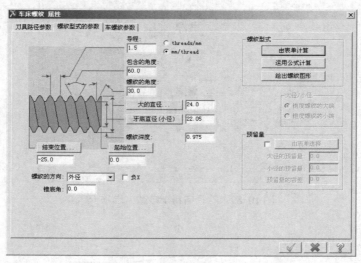

图 10-93　"螺纹型式的参数"选项卡

22）单击"车螺纹参数"标签，并按图 10-94 所示内容设置参数。

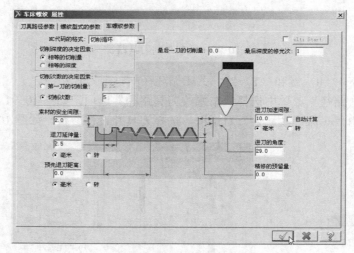

图 10-94　"车螺纹参数"选项卡

23）单击 按钮，系统显示车螺纹刀具路径，如图 10-95 所示。

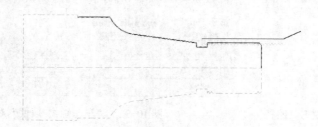

图 10-95　车螺纹刀具路径

24）关闭刀具路径，在"刀具路径"菜单中选择"截断"选项，如图 10-96 所示，对工件进行截断。

25）系统提示"截断：请选择边界位置"，单击轮廓线的左端点，系统弹出"Lathe Cutoff 属性"对话框，如图 10-97 所示。

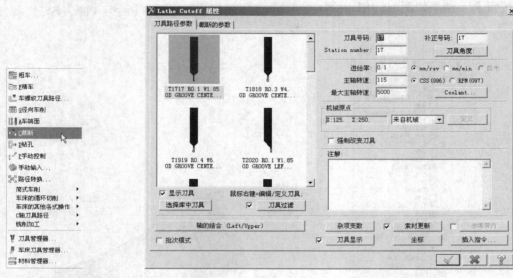

图 10-96　选择"截断"　　　　　　　　图 10-97　"Lathe Cutoff 属性"对话框

26）选择刀具后，单击"截断的参数"标签，并按图 10-98 所示内容设置参数。

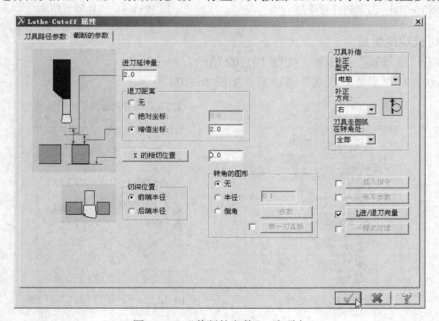

图 10-98　"截断的参数"选项卡

27）单击 [✓] 按钮，系统显示截断刀具路径，如图 10-99 所示。

4. 实体加工模拟

1）单击"刀具路径管理器"中的 按钮，全选操作，如图 10-100 所示。

2）单击"实体验证"按钮 ，再单击"持续执行"按钮 ，结果如图 10-101 所示。

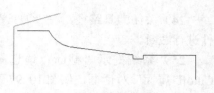

图 10-99 截断刀具路径

图 10-100 刀具路径管理器

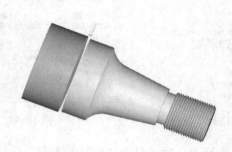

图 10-101 实体验证结果

5. NC 代码的生成

1）单击"后处理"按钮 G1，如图 10-102 所示。

2）系统弹出"后处理程式"对话框，如图 10-103 所示。

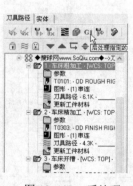

图 10-102 后处理

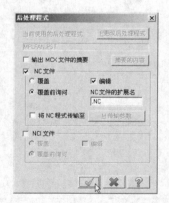

图 10-103 "后处理程式"对话框

3）单击 按钮，系统弹出"另存为"对话框，输入合适的文件名，选择文件存放的位置，单击"保存"按钮，系统弹出"Mastercam X 编辑器"对话框，如图 10-104 所示。

图中显示的程序即数控加工程序。

图 10-104 "Mastercam X 编辑器"对话框

10.10 习题与练习

1. 在自定尺寸、外形的工件上按工件毛坯外形尺寸设定的几种方法上机操作，进行共建参数设置。

2. 在自定尺寸及外形的工件上设置夹头、顶尖。

3. 对图 10-105 所示的几何模型进行粗加工设置，刀具路径模拟，仿真模拟操作。

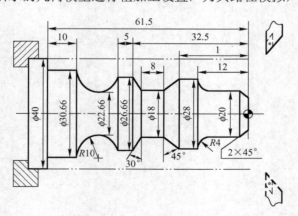

图 10-105 练习题 3 图例

4. 在练习题 3 的设置中对进刀向量、退刀向量分别设置为大小方向不同的值，利用刀具路径模拟观察有何不同。

5. 选择适当的加工方法，对图 10-106 所示的几何模型进行粗、精加工，设置加工参数并利用仿真加工检验。

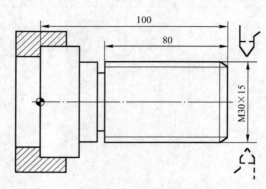

图 10-106　练习题 5 图例

参 考 文 献

[1] 何满才. Mastercam X 基础教程［M］. 北京：人民邮电出版社，2006.

[2] 张灶法，陆斐，尚洪光. Mastercam X 实用教程［M］. 北京：清华大学出版社，2006.

[3] 蔡汉明，徐卫彦，李国伟. Mastercam X 中文版应用与实例教程［M］. 北京：人民邮电出版社，2008.

[4] 于文强，陈振辉. Mastercam X 中文版基础教程与上机指导［M］. 北京：清华大学出版社，2007.

[5] 野火科技. 精通 Mastercam X 数控加工［M］. 北京：清华大学出版社，2008.

[6] 黄爱华. Mastercam 基础教程［M］. 2 版. 北京：清华大学出版社，2009.

[7] 谭雪松，陈德航，钟廷志. 从零开始——Mastercam X 基础培训教程［M］. 北京：人民邮电出版社，2007.

[8] 李波，管殿柱. Mastercam X 实用教程［M］. 北京：机械工业出版社，2008.

[9] 陈红江，庄文玮. Mastercam X 实用教程［M］. 北京：人民邮电出版社，2008.

[10] 胡仁喜，张乐乐，赵利明. Mastercam X 应用教程［M］. 北京：清华大学出版社，2009.

[11] 潘子南，鲁君尚，王锦. Mastercam X 基础教程［M］. 北京：人民邮电出版社，2007.